JN185675

今日から
モノ知り
シリーズ

トコトンやさしい

ポンプの本

ポンプは電力、上下水道、医療など幅広い分野で活用されています。また、集中豪雨など災害時にポンプはフル稼働します。そんな身近で活躍しているポンプについて紹介します。

外山幸雄

B&Tブックス
日刊工業新聞社

はじめに

ポンプは電力、自動車、建設機械、鉄鋼、石油精製、石油化学、化学、上下水道、食品、パルプ、医療など、私たちの生活に欠かせないさまざまな分野で使用されています。そして、営業、見積り、設備計画、購買、研究開発、設計、検査、運転、保守など多くの方々が、業務としてポンプにかかわっています。

一方、市販されているポンプに関する本では、基本的な理論は豊富に取り上げられていて、設計者には設計の参考になって大変有益です。しかし、実際に業務としてポンプを扱う使用者の視点からは、実例が少なく物足りなさや不明なことが見受けられます。

そこで、遠心ポンプの使用者の視点に立って、ポンプの専門用語、設計規格、構成部品と役割、ケーシングと羽根車の形状などポンプの基本的事項をはじめとして、材料、性能、選定、運転、保守点検などについて、図や表を使ってできるだけ深く掘り下げた解説書が必要であると考えています。

本書は、初めてポンプにかかわる方でも理解できるように、専門的なことをできるだけ平易な文章で説明します。そして本書を通じて、遠心ポンプにかかわる方々が、ポンプのことを深く理解することによって、自信をもって日常の業務を進めていくことができるようになることを目指します。

また本書は、遠心ポンプにかかわる方で、特に新しくポンプの仕事を始めた方、そしてポンプの発注者、使用者および保守点検者、そして機械の設計や保守に携わっている方にも読んでいただきたいと思っています。もちろん、ポンプの設計者や開発者にも参考となる内容になっています。
さて、本書は第1章「ポンプの誕生から現在まで」から始まり、遠心ポンプを理解する上で必要になるポンプの種類、特徴、用途、生産台数、設計規格などを取り上げます。次に、第2章では私たちの生活で「意外と身近にあるポンプ」を紹介します。そして、使用する記号、単位、専門用語などを第3章で解説し、ケーシングや羽根車など各部品が、どういう役割があるのかなどについて、使用上の注意点を含めて第4章の「ポンプの構成部品と役割」で詳細に説明します。続いて、ポンプメーカへポンプの見積りを依頼するとき、または発注するときに、最適なポンプを得るために必要になる「ポンプの性能と選定」について第5章で解説します。
そして、ポンプを購入後、据付けして試運転、商用運転に入っていきます。第6章の「ポンプの据付けと試運転」では、ポンプによる基礎荷重、据付け方法、始動時の注意点、回転方向の確認方法などを説明します。最後に第7章の「ポンプを動かしてみよう」において、ポンプの減速運転と締切運転、空気の侵入防止方法、並列運転、直列運転などポンプの運転のときに注意していただきたい事項について詳しく解説します。
最後になりましたが、発刊するにあたり多くの方々からご協力をいただきました。本書執筆の機会を与えてくださった日刊工業新聞社の奥村功出版局長、企画の段階から数多くの助言をいただいたエム編集事務所の飯嶋光雄氏、本文デザインをご担当いただいた志岐デザイン事務所の大山陽子氏に謝意を表します。また原稿が書き終わるまで応援してくれた新井拓実氏ほかの皆様に心から感謝いたします。

2016年9月

外山幸雄

トコトンやさしいポンプの本 目次

はじめに……1

第1章
ポンプの誕生から現在まで

第2章
意外と身近にあるポンプ

第3章 ポンプで使用する記号と専門用語

第4章 ポンプの構成部品と役割

第5章 ポンプの性能と選定

第6章 ポンプの据付けと試運転

第7章 ポンプを動かしてみよう

【コラム】

第1章

ポンプの誕生から現在まで

1 ポンプの誕生

世界初のポンプは「はねつるべ」だった

ポンプ、英語名「Pump」とは何かをインターネットを使って調べてみると、いろいろな定義が出てきます。それによると、ポンプは次のように定義されています。

①圧力の作用によって液体や気体を吸い上げたり送ったりするための機械。

②低所にある液体を管を通して高所に揚げ、また低い圧力の容器内にある液体を管を通してより高い圧力の容器内に押し込むための機械装置。

③高低差などの外部のエネルギー差に逆らって、低い場所から液体を吸い上げたり、液体を押し出したりする機械。気体に対しても、気体を吸引する目的の装置を真空ポンプという。

このように、いろいろと定義はありますが、筆者は次のように定義して話を進めていきます。

「液体を吸い上げたり送ったりするための機械」

それでは、世界で初めてのポンプはどのようなものだったのでしょうか。世界的に有名なポンプの専門誌「World pumps」によると、紀元前2000年ごろのエジプトにおいて、長い棒の中央部に軸受があり、その一端にバケツを付け、他端に重りを付けたものが「世界初のポンプ」だとしています。

これは、日本では「はねつるべ、または撥ね釣瓶」とされています。人々などの生活に必要不可欠な水を効率よく、大量に汲み上げる道具として、当時は画期的な道具だったのではないかと想像します。

「はねつるべ」を見ると、「天秤（てんびん）」や「天秤棒」を想起させるし、子供のころ遊んだ「シーソー」にどこか似ています。

その後、水車に似た「水揚げ車」が登場し、紀元前200年ごろには、アルキメデスが、「ねじポンプ」を考案しました。このポンプは、灌漑（かんがい）と土地排水の目的だったとされていますが、食品や汚泥など高粘度の液や固形物が混入した液にも適しているので、今日でもこの「ねじポンプ」は使用されています。

要点BOX

- ●ポンプの定義
- ●紀元前2000年ごろにはあったポンプ
- ●日本では「はねつるべ」が最初

ポンプのルーツ

天秤棒

はねつるべ

シーソー

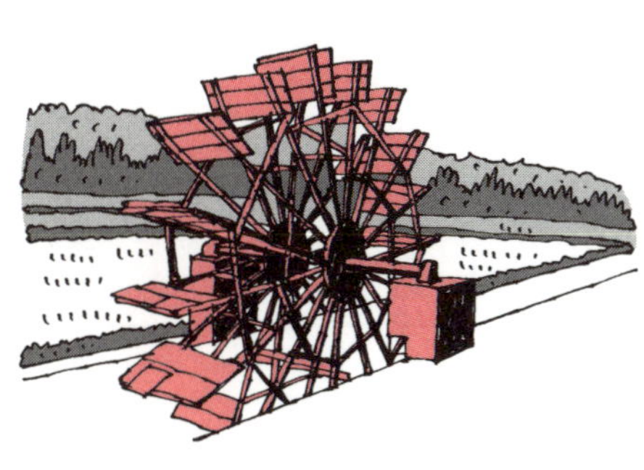

水揚げ車

ねじポンプ

2 ポンプの発展

ポンプを支えた蒸気、電気、エンジン

ポンプは自らの力で動くことはできません。必ず動力が必要です。1項で述べた「はねつるべ」は人力と重り、「水揚げ車」は水流、そして「ねじポンプ」は人力をそれぞれ動力として利用していました。そして、円すい車などのようなリンク機構を使って、人力に加え、風力、太陽光、牛などの動物も動力源として活用していったとされています。

これらに引き続き、ポンプはピストンを往復動させる「往復ポンプ」、複数枚のベーンを回転させながら出し入れする「ベーンポンプ」、1組のギヤを組み合わせた「ギヤポンプ」、遠心力を利用した「遠心ポンプ」などが、次々と発明されていきました。

歴史上の出来事ですが、読者の皆さんは18世紀後半のイギリスに始まった産業革命のことをご存じだと思います。この時代の画期的な発明の1つとして、ワットが蒸気のエネルギーを利用して、往復運動から回転運動へ変換した蒸気機関をあげることができます。この蒸気機関は改良が繰り返され、さまざまな機械に動力として応用されるようになったのです。

動力としては、その後、さらにエンジンや電動機が発明され、広く利用できるようになっていきました。そして今日、ポンプの動力として、電源があれば電動機（「モータ」とも呼ばれる）、電源のないところではディーゼルエンジンが主流になっています。

ポンプは電動機やエンジンなどの動力がなければ動かすことはできないのは確かですが、それだけではありません。たとえば、ケーシングなどを製造するための材料および鋳造技術、ボルト、歯車、軸受などの機械要素、機械部品をはじめとするポンプ部品の加工技術、寸法を測定する測定技術、ポンプの性能を計測する計測技術など、さまざまな技術の集大成によって成り立つ機械なのです。そして、生産管理、販売管理、さらには性能予測など、今日ではコンピュータを抜きにポンプを語ることはできません。

要点BOX

- ●ポンプは必ず動力が必要
- ●動力は人力と重り、風力、太陽光、牛など
- ●現代はコンピュータ抜きには語れない

次々に発明されたポンプ

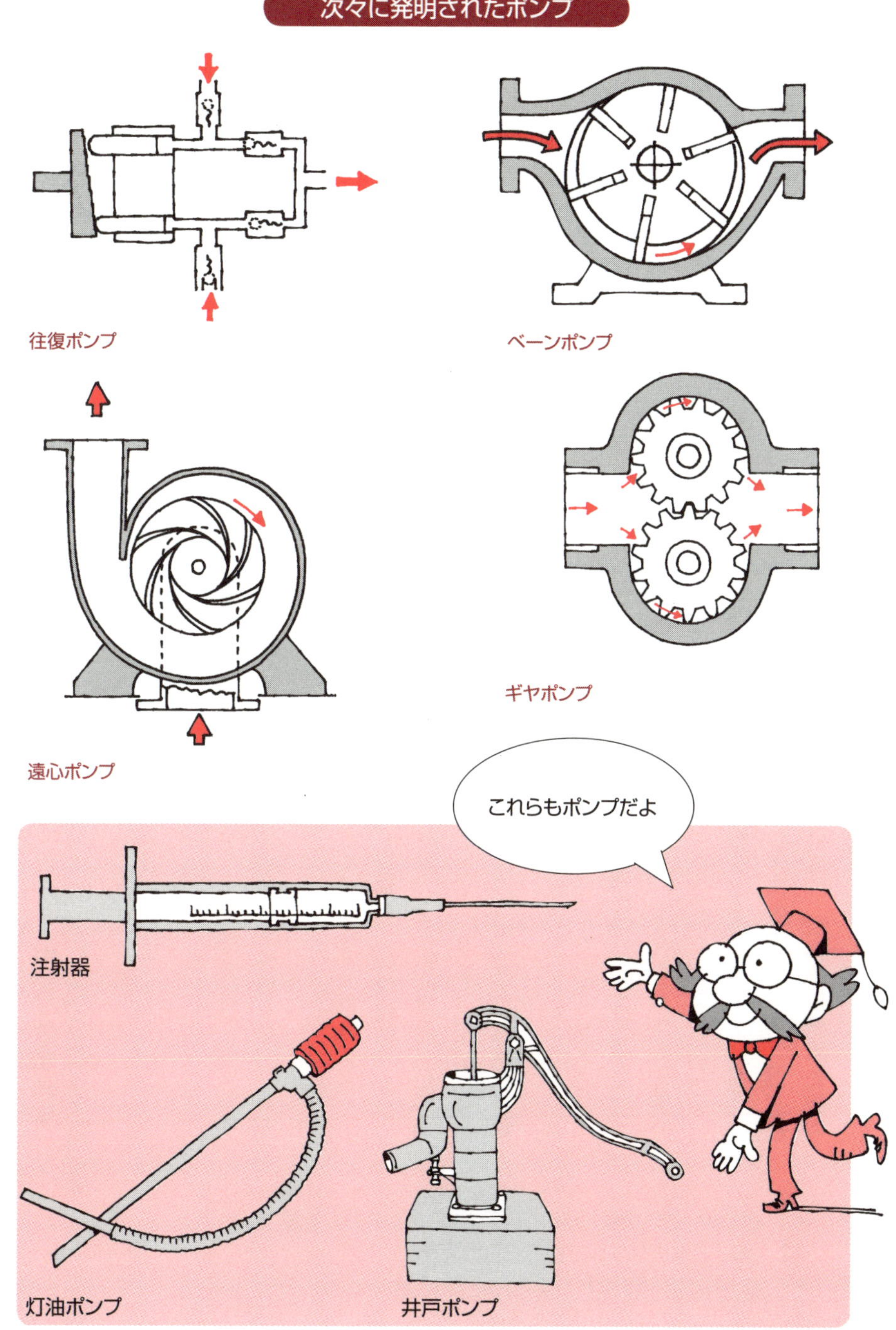

3 ポンプの概況

ポンプは産業をしっかりと支えている

国内では毎年約４００万台のポンプを生産していますが、現在国内で運転されているポンプは何台になるのでしょうか。明確な統計資料は見当たりません。そこで、次のように仮説を立てて想定してみましょう。

仮説：

①1年間の生産台数を４００万台とする。

②生産台数のうち50％が輸出されて、残りの50％が国内に出荷されている。

③国内に出荷されたポンプのうち、80％は販売されていて、運転されているポンプは、その中の70％とする。

④ポンプの寿命を15年とする。

この仮説によると、国内において運転されているポンプの台数は、次式によって計算できます。

台数=400×0.5×0.8×0.7×15=1680万台

あくまでも仮説ですが、国内では１６８０万台のポンプが運転されていることになります。ポンプの運転時間は用途によって、1年間連続運転する場合もあれば、1週間に数時間しか運転しない場合もあります。

それでは、これらのポンプは一体どこで使われているのでしょうか。電力、自動車、建設機械、鉄鋼、石油精製、石油化学、化学、上下水、食品、パルプ、医療など、国内外のほとんどの産業分野において、ポンプは、送液、循環、加圧用などとして、日夜運転されています。

しかし、日常生活の中でほとんど目に触れることはありません。ポンプは機器の中に組み込まれたり、配管の途中に設置されたり、あるいは地下に設置されているなどの理由から目立たない存在なのです。しかし、ポンプは各産業をしっかりと支えています。

また、私たちの身近な生活の中でも、ガス温水器の中に入っている遠心ポンプ、飲料の自動販売機の中にあるギヤポンプなどが活躍しています。

要点BOX

- ●国内では毎年約400万台のポンプを生産
- ●稼働しているのは1680万台
- ●日常生活の中でほとんど目に触れない

産業を支えるポンプ

発電用ポンプ

石油精製用ポンプ

化学用ポンプ

上水用ポンプ

下水用ポンプ

いろんな形のポンプが、
国内外の産業を
支えているんだ

4 ポンプの種類

便利なポンプの識別記号

ポンプの種類は作動原理からみると、ターボ形、容積形などに分類でき、また構造上からは、横軸、立形、単段、多段などに分類することができます。

経済産業省統計局では、ポンプの種類について「日本標準商品分類」と称し、作動原理に加え構造上の違いを含めてポンプを分類しています。しかし、この分類は作動原理と構造がきちんと分類されていないので、利用者からするとすっきりとしません。

ポンプの種類をすっきりと分類したものとして、「米国石油協会American Petroleum Institute」では、遠心ポンプについてＡＰＩ　６１０という規格の中でポンプをわかりやすく整理しています。

ここでは、ＡＰＩ　６１０による遠心ポンプの分類に従ってポンプの種類を紹介します。この分類では、ポンプを「片持（Overhung）」、「両持（Between-bearings）」および「立形（Vertically suspended）」の3つの形式に大別しています。そして、駆動機との結合方法、段数、ケーシングの構造などによって細分化し、それぞれのポンプに記号を付しています。

ここで、「片持」はポンプの羽根車が軸受に対して「オーバハング、Overhung」しているポンプで記号は「OH」です。

「両持」はポンプの羽根車が両側にある軸受（Between-Bearings）によって支持されているポンプで記号は「BB」、「立形」は立方向に吊り下げられた（Vertically Suspended）状態のポンプで記号は「VS」としています。

ポンプの種類を購入者からポンプメーカに、たとえば「片持で、駆動機とのカップリングはフレキシブルで、横軸単段で、ケーシングの支持は下部の脚になっているポンプ」のように指定してもいいのですが、「OH1」と指定するだけで双方は理解し合えるので便利だと思います。

要点BOX

- ●作動原理ではターボ形、容積形などに分類
- ●構造上では横軸、立形、単段、多段などに分類
- ●API 610の分類がすっきりする

API 610による遠心ポンプの分類

ポンプの形式			区分		記号
遠心ポンプ	片持	フレキシブル	横軸	下脚支持	OH1
				中心支持	OH2
			立軸インライン、軸受付き	---	OH3
		リジッドカップル	立軸インライン	---	OH4
		直動	立軸インライン	---	OH5
			内蔵ギヤ増速	---	OH6
	両持	単段、2段	軸水平割	---	BB1
			軸垂直割	---	BB2
		多段	軸水平割	---	BB3
			軸垂直割	単ケーシング	BB4
				二重ケーシング	BB5
	立形	単ケーシング	揚液管吐出し	ディフューザ	VS1
				ボリュート	VS2
				軸流	VS3
			分離吐出し	連結軸	VS4
				片持	VS5
		二重ケーシング	ディフューザ	---	VS6
			ボリュート	---	VS7

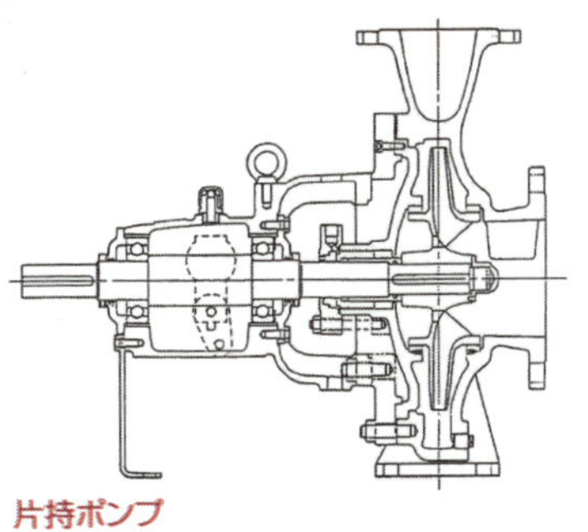
片持ポンプ

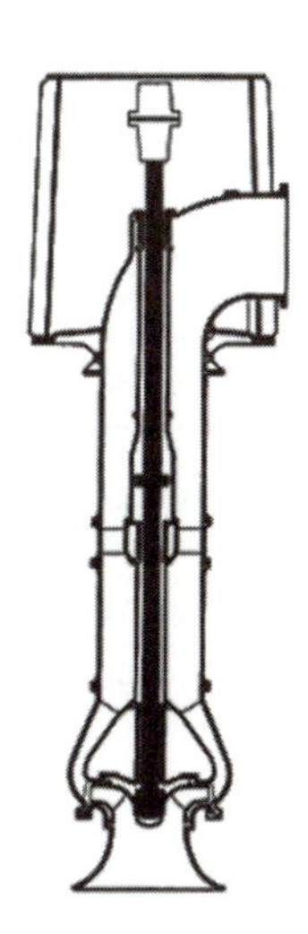
立形ポンプ

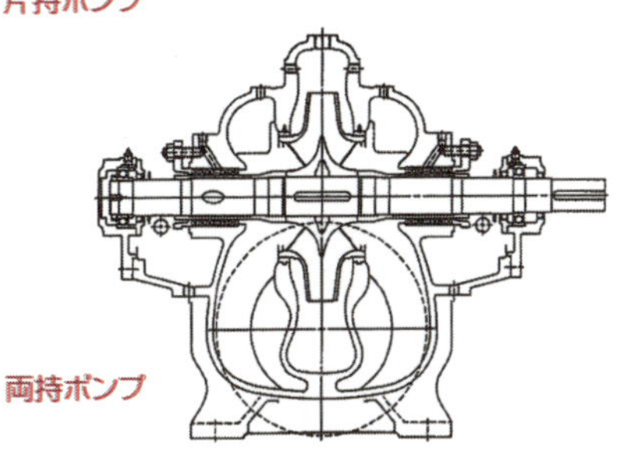
両持ポンプ

5 ポンプの特徴

ポンプは設置場所で選ぶ

4項において、API 610という規格にしたがったポンプの記号を説明しました。ここでは、各記号のポンプについて特徴を掘り下げて説明します。

まず、ポンプを設置する場所です。「OH」および「BB」のポンプは地上に設置されますが、「VS」のポンプは、地中に穴を掘って穴の中に設置されます。

したがって、「OH」および「BB」のポンプは、「VS」のポンプと比較して、据付け工事、保守点検などが容易です。「VS」のポンプは、保守点検のときはポンプを地上へ引き上げる必要があるために、労力と費用がかさみ大変になります。

「OH」のポンプのうち、「OH1」は一般には、全揚程が120m以下で取扱液温が150℃以下の比較的軽負荷の場合に使用されます。それらを超えた場合には「OH2」を使用します。「OH3」から「OH6」は一般に「インラインポンプ」と呼ばれていて、ポンプの吸込配管および吐出し配管の中にポンプを挟み込んで設置します。

「BB」のポンプのうち、「BB1」は一般には、全揚程が120m以下で取扱液温が150℃の比較的軽負荷の場合に使用されます。それを超えた場合には「BB2」を使用します。「BB3」から「BB5」は多段ポンプで高圧ポンプと呼ばれています。「BB5」のポンプは、ケーシングが二重になっていて、外側のケーシングの中に、「BB3」または「BB4」のポンプが格納されています。高価格になるのですが、信頼性が高いポンプです。

「VS」のポンプはすべて、羽根車は最下端、駆動機は最上端、そして立方向に吊り下げられています。「VS1」から「VS3」は吐出し管がケーシングと一体になっていますが、「VS4」と「VS5」はケーシングとは分離した揚液管を取り付けた構造になっています。「VS6」と「VS7」は、それぞれ「VS1」と「VS2」に吸込キャンを追加したポンプです。

要点BOX

- 「OH」、「BB」のポンプは地上に設置される
- 「VS」のポンプは地中に設置される
- 「OH」、「BB」は工事、保守点検が容易

①「OH」のポンプ

②「BB」のポンプ

③「VS」のポンプ

6 ポンプの用途

ポンプは水だけではない

ポンプは3項で説明したように、国内外のほとんどの産業分野において、送液、循環、加圧用などとして使用されています。

世界中で使用されている遠心ポンプのうち50%は片持単段渦巻ポンプ「OH1」だと思われます。「OH1」といっても、取扱液に腐食性があれば使用する材料はステンレス鋼などの耐食性のある材料になります。また、取扱液に砂などのスラリーが混入していれば、羽根車をセミオープン形またはフルオープン形に変えたりします。

飲料水の送水は、それほど全揚程が高くなく水温も高くないので、「OH1」や「BB1」がよく使われています。ビルの揚水では、低層であれば「OH1」、高層になれば「BB4」が使用されます。電力では、火力発電や原子力発電のボイラ給水ポンプに「BB5」が使用されています。船用のポンプなど、ポンプの設置面積を小さくしたい場合は、「OH3」から「OH5」が適しています。

ポンプの一般的な用途について、表①に示します。○印がないからといって使用できないわけではありません。用途からみて使いやすいポンプであるという理由で、○印の分野で一般に使用されているのです。

近年、ポンプの大型化によって、難しい課題が出てきています。それは、「水」を利用しない冷却技術です。ポンプ液が高温、軸受が大きい、ポンプ回転速度が高いなどの場合、ポンプの軸受の冷却、軸封のガスケットの冷却、メカニカルシールの冷却などに、冷却水を必要とします。しかし、中近東など、水は希少なので使うことができない場所があります。

このようなときは、どうするのでしょうか。扇風機の羽根のような形をしたファンをポンプ軸に取り付けて軸受を冷却したり、軸受ケーシングに放熱フィンを付けて放熱面積を大きくしたり、軸受の潤滑をオイルミストにしたりして、なんとか対応しています。

要点BOX

- ●広範なポンプの用途
- ●遠心ポンプのうち50%は片持単段渦巻ポンプ「OH1」

①ポンプの一般的な用途

API 610の記号	用途								
	石油精製	化学	電力	水	汚水	ビル	食品	パルプ	船
OH1		○		○	○	○	○	○	
OH2	○	○						○	
OH3						○			○
OH4	○					○			○
OH5				○		○	○		○
OH6	○								
BB1				○			○		
BB2	○	○							
BB3	○	○	○						
BB4			○	○					
BB5	○	○	○						
VS1				○					○
VS2				○					○
VS3				○					
VS4					○				
VS5							○		
VS6	○	○							
VS7	○	○							

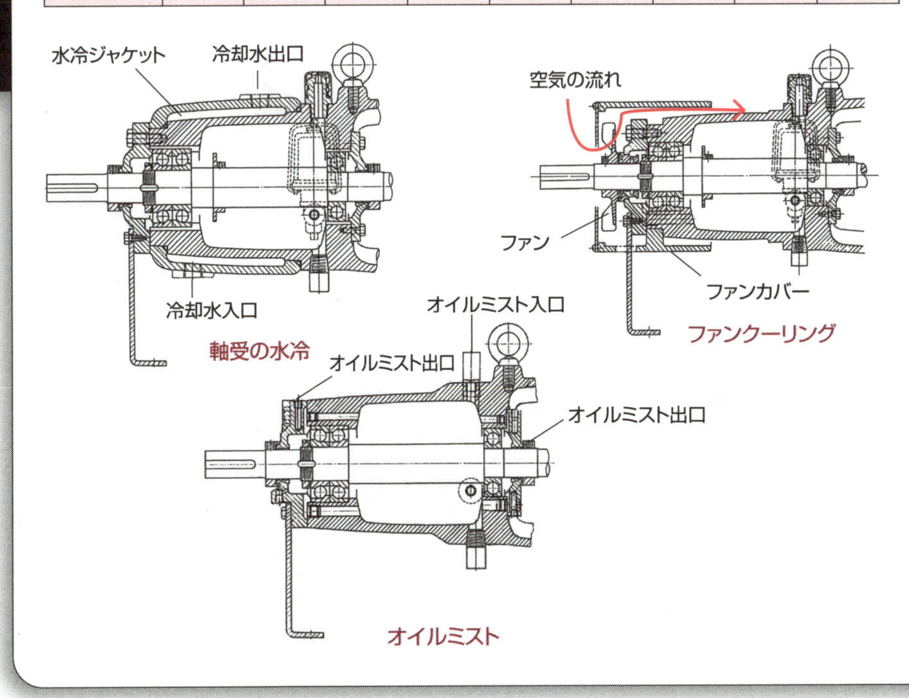

7 国内のポンプ生産

年間400万台生産されているポンプ

ポンプがどのぐらい生産されているのかを見てみましょう。経済産業省はホームページに、国内におけるポンプ形式別の生産台数および生産金額の統計を毎年公表しています。そして、生産金額は販売金額と同じ金額だとしています。

この統計を使って、1985年から年別にポンプ全体の生産台数の推移および生産金額の推移を整理しそれぞれ図①②に示します。ポンプ全体の生産台数はおおむね600万台で推移してきて、最近は400万台になっています。また、生産金額は3000億円から4000億円の間で比較的安定しています。

ポンプの形式別ではどうでしょうか。経済産業省のデータを、遠心ポンプなどの「ターボ形ポンプ」、ギヤポンプなどの「容積形ポンプ」および「それら以外のポンプ」の3つに分類して年別にまとめ、生産台数および生産金額をそれぞれ図①②に示します。「ターボ形ポンプ」は生産台数ではポンプ全体の約5割ですが、生産金額では6割を超えています。

また、「ターボ形ポンプ」である単段ポンプおよび多段ポンプ、「容積形ポンプ」であるギヤポンプおよびピストンポンプの4種類の形式について、生産金額を生産台数で割った平均生産金額を図③に示します。ポンプの形式別では、平均生産金額は1万円台から41万円台と大きく異なっています。

このことは何を意味するのでしょうか。たとえば、ターボ形ポンプは1台数千円のものから数億円、ギヤポンプでも1台数千円のものから数千万円と1台当たりの生産金額には大きな差があります。

しかし、平均生産金額から見れば、ターボ形ポンプは1台の金額が高いのでポンプそのものは修理して長期間使用し、ギヤポンプは調子が悪くなったときに修理にお金を使うよりは、新品を購入するほうがはるかに安くなります。

要点BOX
- ●最近の生産台数はは400万台
- ●生産金額は3000億円から4000億円
- ●ターボ形ポンプは修理して長期間使用

①ポンプ形式別の生産台数

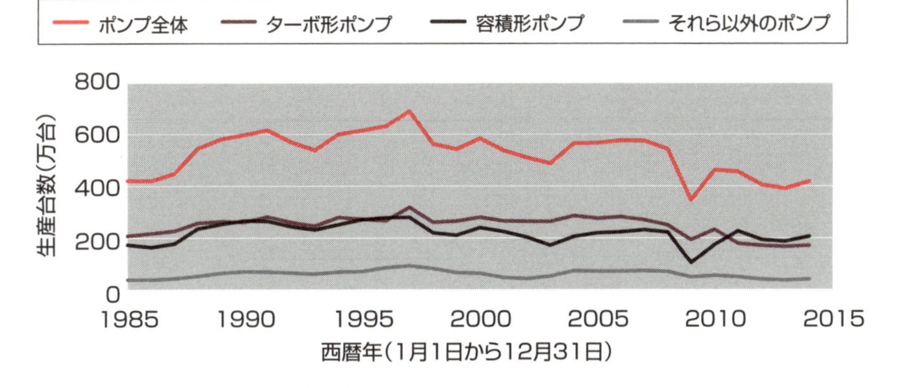

②ポンプ形式別の生産金額

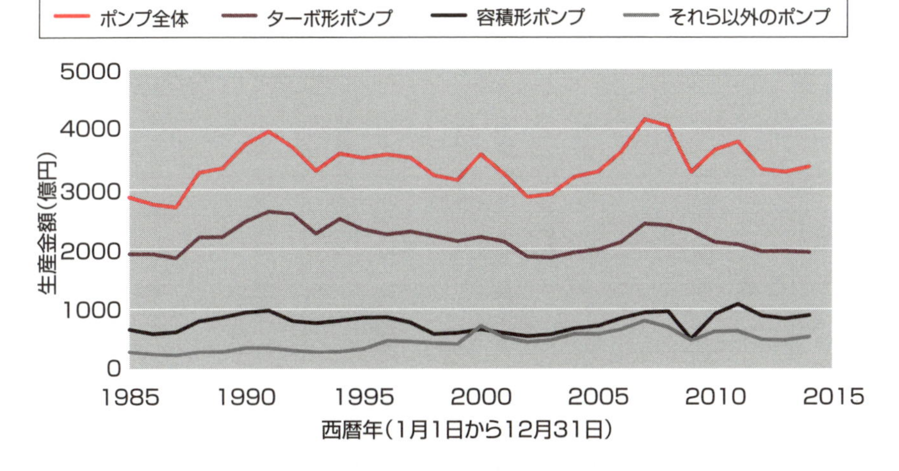

③ポンプ形式別の平均生産金額

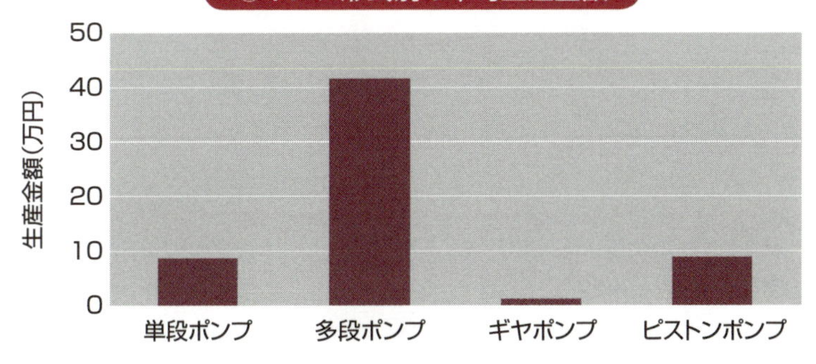

8 世界のポンプ生産

それでも伸びが期待されるポンプ

それでは世界のポンプ生産はどうでしょうか。少し古いのですが、「the McIlvaine Company」の統計によると、世界におけるポンプの生産金額は図①に示すように、2000年には米ドルで200億ドルとなっています。同年の市場別比率を見ると、図②に示すように、石油精製用が18％、化学用が14％、電力用が9％などとなっています。そして、2008年には320億ドルに増え、2011年は380億ドルと右上がりに生産金額が伸びてきました。さらに、2017年には450億ドルになると予測しています。

2017年に向かって、年率で約3％伸びる予想ですが、伸びる理由として「the McIlvaine Company」は次のことをあげています。

①東アジア市場
日本を含む中国や韓国など東アジアのポンプ市場は世界の33％になると予測している。

②シェールガス
北米自由貿易協定（NAFTA）では従来の原油やガスでないエネルギー、つまりシェールガスが増える。

③取替え需要
ヨーロッパでは、新規の需要よりも取替え需要が増える。

④海水淡水化
中東諸国では、海水淡水化の需要が増える。

⑤バラスト水処理
船舶では、バラスト水処理の規制による市場が拡大する。

⑥大型化
石油精製ではプラントが大型化してポンプも大型化するので、高価格のポンプが増える。

ポンプのビジネスに限りませんが、中国では、中国籍のエンジニアリング会社や大規模なポンプメーカができてきて、中国の動きが活発化してきています。

要点BOX
- ●右上がりに生産金額が伸びている
- ●東アジア市場は世界の1/3
- ●ヨーロッパでは取り換え需要が増加

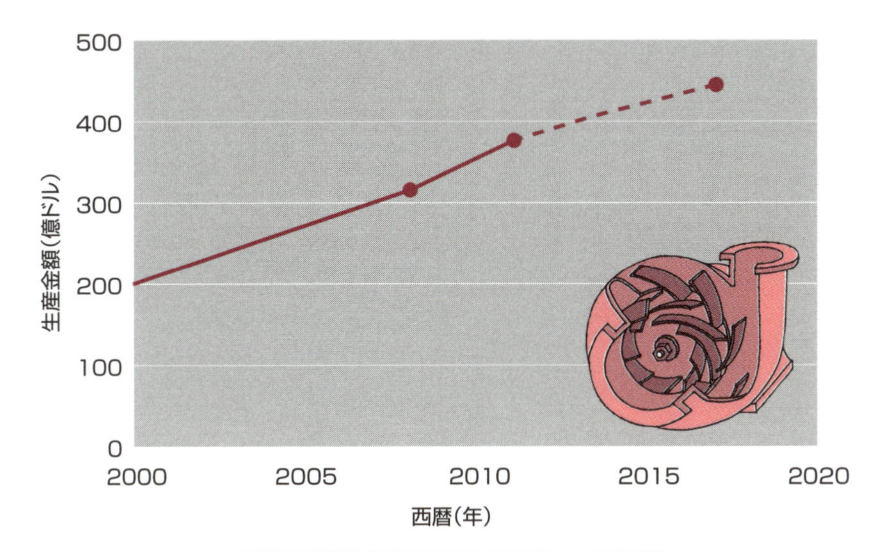

①世界におけるポンプの生産金額
500
400
300
200
100
0
生産金額（億ドル）
2000
2005
2010
2015
2020
西暦（年）

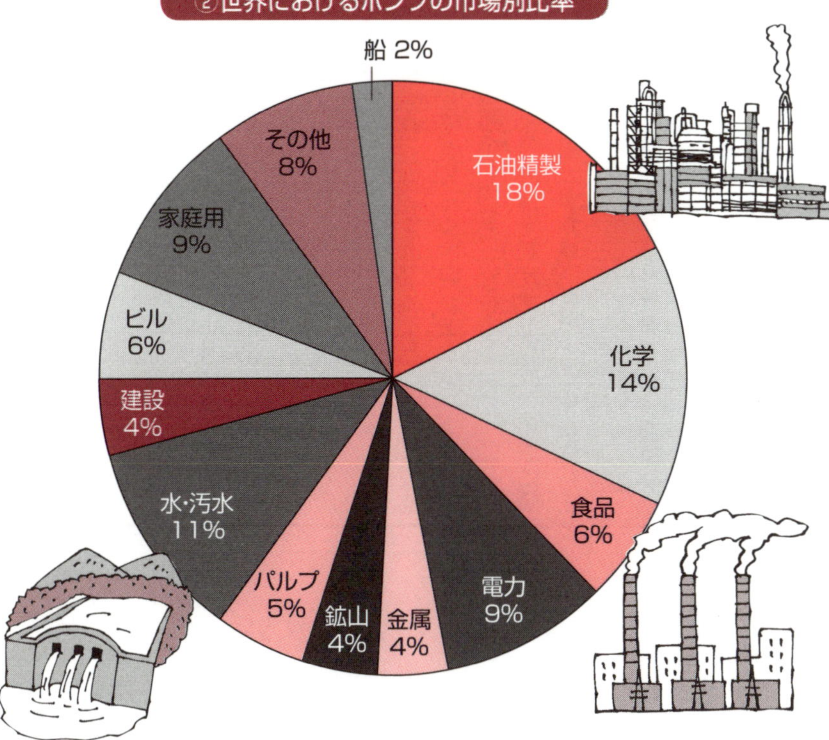

②世界におけるポンプの市場別比率
船 2%
石油精製 18%
化学 14%
食品 6%
電力 9%
金属 4%
鉱山 4%
パルプ 5%
水・汚水 11%
建設 4%
ビル 6%
家庭用 9%
その他 8%

9 国内のポンプ設計規格

設計規格がポンプのグレードを決める

皆さんは物を購入されるとき、何を基準にしているでしょうか。価格でしょうか、メーカでしょうか、使いやすさでしょうか。ポンプのような高額な物を購入するとき、そのものに適用規格があれば好都合です。

ポンプは、目指す市場に適当と考えられる設計規格に適合または準じて設計されています。購入者は適用されている設計規格を見ると、ポンプのグレードが理解できるし、使用するポンプのグレードを判断して、時にはポンプメーカに適用する設計規格を指定します。その設計規格に合わせてポンプを設計すれば、トラブルの少ないポンプにすることができるので、設計規格は購入者、ポンプメーカ双方にとって便利です。

それでは、国内にあるポンプの設計規格を見てみましょう。表①に示すように、もっとも多く使用されている小形渦巻ポンプの設計規格から始まって、次々と設計規格が制定されてきました。

さて、国際貿易において、1979年に国際協定として合意された「貿易の技術的障害に関する協定」というものがあります。この協定をポンプの設計規格に当てはめると、次のようになります。

①JIS規格がすでに制定されていて、その後ISO規格が制定された場合、JIS規格でISO規格と異なる内容があれば、JIS規格をISO規格の内容に改定する。

②新たにJIS規格を制定する場合、すでに同類のISO規格があれば、そのISO規格と同じ内容の規格にする。

すなわち、時間的なずれはあっても、最終的にはJIS規格はISO規格と同じにする必要があるのです。設計規格のうち、1958年から1978年に制定されたJIS規格は、見直しのときにISO規格に合っていない内容は改定されました。

要点 BOX

- ●設計規格は購入者、ポンプメーカ双方にとって便利
- ●JIS規格はISO規格と同じに

①国内にあるポンプの設計規格

No.	制定年	規格番号	規格名称
1	1958年	JIS B 8313	小形渦巻ポンプ
2	1958年	JIS B 8314	浅井戸用電気井戸ポンプ
3	1962年	JIS B 8319	小形多段遠心ポンプ
4	1963年	JIS B 8322	両吸込渦巻ポンプ
5	1964年	JIS B 8323	水封式真空ポンプ
6	1966年	JIS B 8324	深井戸用水中モータポンプ
7	1968年	JIS B 8325	設備排水用水中モータポンプ
8	1978年	JIS B 8318	深井戸用電気井戸ポンプ
9	2009年	JIS B 8307	遠心ポンプの技術仕様ークラスI
10	2009年	JIS B 8308	遠心ポンプの技術仕様ークラスII
11	2009年	JIS B 8309	遠心ポンプの技術仕様ークラスIII

②主な設計規格の概要

No.	規格番号	規格名称	適用	
			ポンプの型式	概要
1	JIS B 8313	小形渦巻ポンプ	片吸込形単段の小形渦巻ポンプ	0~40℃の清水を取り扱う片吸込形単段で最高使用圧力1MPaまでに使用する一般用小形渦巻ポンプで、共通ベース上で50Hz又は60Hzの2極又は4極三相誘導電動機とたわみ軸継手によって直結されるものについて規定した。
2	JIS B 8319	小形多段遠心ポンプ	片吸込形の小形多段遠心ポンプ	0~40℃の清水を取り扱う片吸込形で最高使用圧力2.75MPaまでに使用する段数2~15段の一般用小形多段遠心ポンプで、共通ベース上で、50Hz又は60Hzの2極又は4極三相誘導電動機とたわみ軸継手によって直結されるものについて規定した。
3	JIS B 8322	両吸込渦巻ポンプ	両吸込横軸形単段の渦巻ポンプ	0~40℃の清水を取り扱う両吸込横軸形単段で最高使用圧力1.4MPaまでに使用する一般用両吸込渦巻ポンプで、共通ベース上で50Hz又は60Hzの4極、6極又は8極三相誘導電動機とたわみ軸継手によって直結されるものについて規定した。
4	JIS B 8323	水封式真空ポンプ	水封式真空ポンプ	吸込口径20~50mmの一般用水封式真空ポンプで、共通ベース上で、50Hz又は60Hz三相誘導電動機とたわみ軸継手によって直結されるもの及びVベルト掛けによって連結されるものについて規定した。
5	JIS B 8324	深井戸用水中モータポンプ	片吸込遠心形又は斜流形の深井戸用水中モータポンプ	水温10~25℃の清水を取り扱うポンプ口径が25~200mmの片吸込遠心形又は斜流形の深井戸用水中モータポンプで、井戸ふた又は取付バンドに取り付けられた揚水管の下部につり下げられ、その下部に50Hz又は60Hzの2極水中三相誘導電動機を軸継手によって直結し、その最大潜没深さが100m以内のものについて規定した。
6	JIS B 8325	設備排水用水中モータポンプ	片吸込単段遠心形の設備排水用水中モータポンプ	建築物その他の設備から生じる水温0~40℃、pH5~9、含まれる固形物の大きさ20mm以下の汚水、雑排水を取り扱う片吸込単段遠心形の設備排水用水中モータポンプで、貯留槽内につり下げ又は据置きされ、50Hz又は60Hzの、2極又は4極水中誘導電動機を、共通軸又は軸継手によって直結したものについて規定した。

10 国際的なポンプ設計規格

世界ではISO規格とAPI規格

それでは、海外メーカから何かを購入するとき、何を基準にするのでしょうか。国内の場合とはかなり状況は違うと思います。価格もあるでしょうが、どのようなメーカなのか、届く物が本当に大丈夫かどうかなど心配になります。

そこで、登場するのがやはり設計規格です。購入者は適用されている設計規格を見ると、ポンプのグレードがわかります。設計規格によって、物の品質は確保されるのです。

ポンプに関する国際的な設計規格として、表①に示す「API 610」、「ANSI B 73.1」および「ISO規格」があります。

「API 610」は、1954年、石油精製用ポンプのために制定された米国石油協会（American Petroleum Institute）が発行している規格です。しかし、実際には日本を含め世界中で、石油精製用だけでなく原子力発電用ボイラ給水ポンプや、火力発電用ボイラ給水ポンプなどにも適用されている世界でもっとも厳しい設計規格です。現在「API 610 第11版（2010年9月発行）」と同じ規格として「ISO 13709 第2版（2009年12月15日発行）」があります。

「ANSI B 73.1」は、規格の名称どおり化学工業ポンプ用として使用されています。この規格では、ポンプの寸法、吐出し量および全揚程の標準要目を規定しているので、ポンプメーカによらず、すべて取付け寸法が同一で互換性があります。

「ISO 2858」は、1975年に制定された設計規格です。「ANSI B 73.1」と同様に、ポンプの寸法、吐出し量および全揚程の標準要目が規定されています。ポンプのJIS規格のいくつかは、この規格を参考にして改定されています。

設計規格の厳しさとポンプの価格には図②に示すような相関関係があります。

要点BOX

- ●海外メーカから購入するときの基準
- ●設計規格によって物の品質は確保される
- ●「API 610」はもっとも厳格な設計規格

①国際的な設計規格

No.	規格番号	規格名称	適用	
			ポンプの型式	概要
1	API 610	Centrifugal pumps for petroleum, petrochemical and natural gas industries	片持6種類 両持5種類 立型7種類	経験上、次のいずれか一つでも超える場合に適用すると、コストに見合う効果が期待できる。 (1) 吐出し圧力 19 bar (2) 吸込圧力 5 bar (3) 取扱液温 150 ℃ (4) 回転速度 3600 min-1 (5) 全揚程 120 m (6) 羽根車直径(片持ポンプに限り) 330 mm
2	ISO 13709	API 610と同一　しかし、2012年APIはISOから分かれた		
3	ANSI B 73.1	Specification for horizontal end suction centrifugal pumps for chemical process	横軸単段-エンド・トップ	ポンプの寸法、吐出し量と全揚程の標準要目が規定されている。
4	ISO 2858	End-suction centrifugal pumps (rating 16 bar) - Designation, nominal duty point and dimensions	横軸単段-エンド・トップ	最高使用圧力は16bar。ポンプの寸法、吐出し量と全揚程の公称要目が規定されている。
5	ISO 9905 (JIS B 8307)	遠心ポンプの技術仕様ークラスI	単段・多段、横軸、立型、直動	遠心ポンプに対するクラスI(最も厳しい)の要求事項について標準化を行い、生産及び使用の合理化、品質の向上を図るために制定した。発電用ポンプに適用されると考えられる。
6	ISO 5199 (JIS B 8308)	遠心ポンプの技術仕様ークラスII	単段・多段、横軸、立型、直動	一般用途の単段、横軸又は立軸で、あらゆる駆動及び据え付け方式の遠心ポンプに対するクラスIIの要求事項について標準化を行い、生産及び使用の合理化、品質の向上を図るために制定した。化学用ポンプに適用されると考えられる。
7	ISO 9908 (JIS B 8309)	遠心ポンプの技術仕様ークラスIII	単段・多段、横軸、立型、直動	一般用途の単段、多段、横軸又は立軸構造(直結式又は直動式)で、あらゆる駆動及び据付方式の遠心ポンプに対するクラスIIIの要求事項について標準化を行い、生産及び使用の合理化、品質の向上を図るために制定した。汎用ポンプに適用されると考えられる。

②設計規格の比較

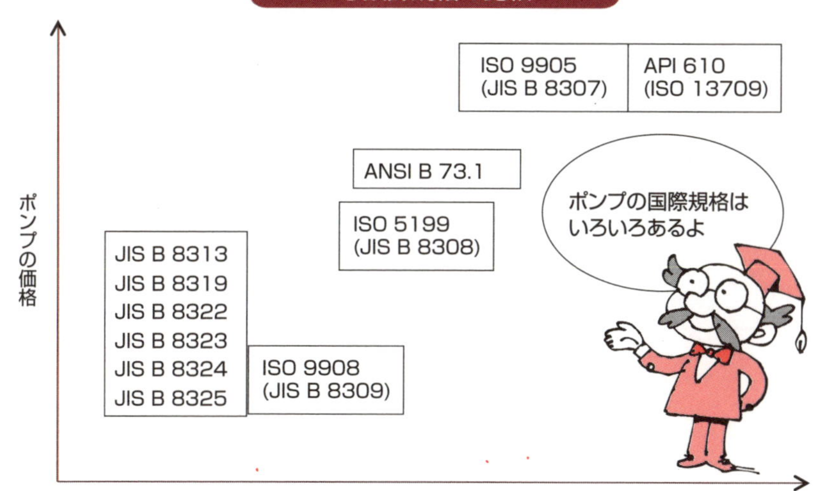

Column

隔世の感がある設計業務

私の子供が小学生のとき、「お父さんはどんな仕事をしているの?」と聞かれたことを思い出しました。学校の担任の先生が聞いてくるようにという宿題だったのです。「冗談半分、本気半分で「お父さんはペンキ塗りの仕事だよ」と答えました。

当時私はポンプメーカで設計の仕事をしていました。新しく輸出の仕事が始まって、発注者用にポンプの外形図や断面図などの承認図を作成する必要がありました。当時はパソコンもCADもなく、似たような図面を流用して、白色の修正液で必要のない個所を白ペンキで塗り消し、加筆して図を作成する毎日でした。

それから十数年後、パソコンもCADも利用できるようになり、ペンキ塗りは残念ながら廃業しました。

第2章

意外と身近にあるポンプ

11 役割が広いポンプ

発電所から遊園地まで

私たちの生活に欠かせない電気。電気は主に発電所でつくられていますが、100万kWから数十kWまで発電量は大きいものから小さいものまでさまざまです。発電量が異なっていても、蒸気を利用するものは、蒸気タービンを駆動機として発電機を使って発電するという点では同じです。

発電では、給水ポンプ、循環水ポンプ、復水ポンプなどのポンプが使用されています。給水ポンプは多段の高圧ポンプが必要になりますが、このポンプの現在の最高の吐出し圧力は50MPaになります。この圧力は、ざっといえば、水を5000m（メートル）の高さに上げることができるほどです。

夏になると、遊園地ではプールや図②「ウォータスライダー」などが子供たちの人気になります。ここで使われている水は、消毒し異物を除去して再循環しています。そのためにポンプが必要になります。ここで使われるポンプは、圧力は低くてよいのですが、プールなどの規模によって大型のポンプを使うことがあります。そして、ポンプはプールに来た人たちが楽しんでくれるように一生懸命働いています。

生体に利用されるポンプとして、図③のような「人工心臓血液ポンプ」があります。私たちの心臓の機能が低下した時に使用されています。このポンプは耐久性が要求されるのは当然ですが、軸受部において血液のせん断および滞留をなくすることも重要な課題になっています。そのために、今でもいろいろな研究が行われています。

少し変わったポンプとしては、図④の「グラインダポンプ」というものがあります。結晶化した固形物、ビニール紐、布などの異物がポンプに入ってくると、ポンプは閉塞という致命的な事故を起こします。このポンプは異物をポンプの入口に付けたグラインダという部品で粉々に砕いてしまい、ポンプに閉塞が起こらないようにしています。

要点BOX

- ●発電に欠かせないポンプ
- ●プールで活躍するポンプ
- ●生体に利用されるポンプ

①火力発電所と原子力発電所

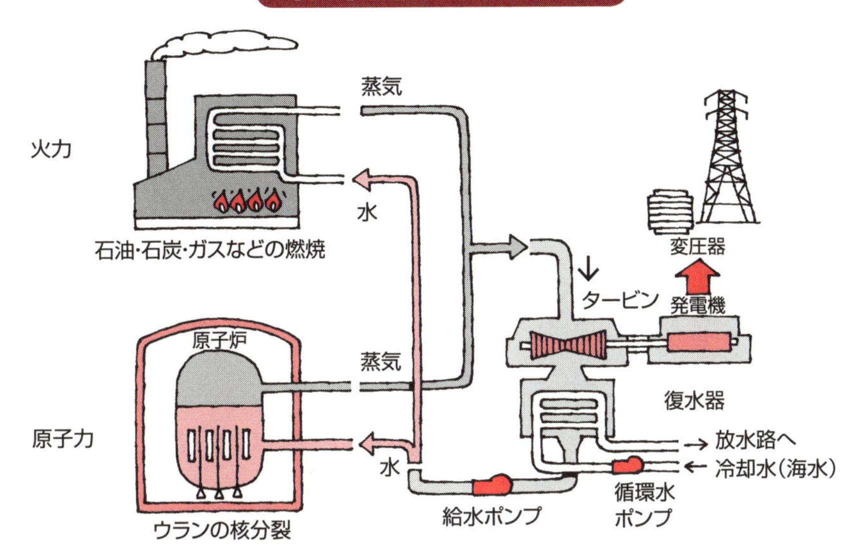

②ウォータスライダー

③人工心臓血液ポンプ

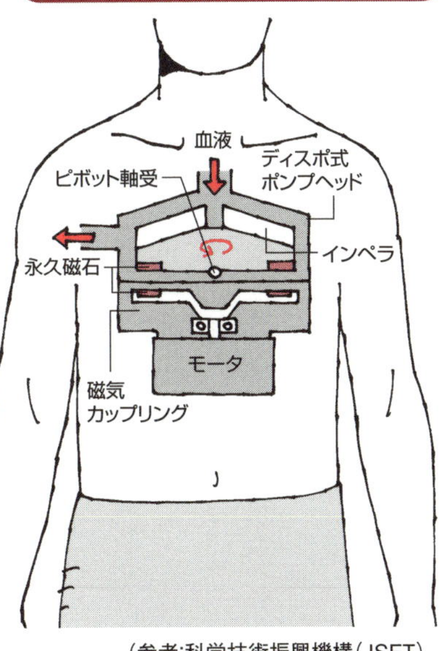

(参考:科学技術振興機構(JSFT)
「研究成果最適展開支援プログラム」)

④グラインダポンプ

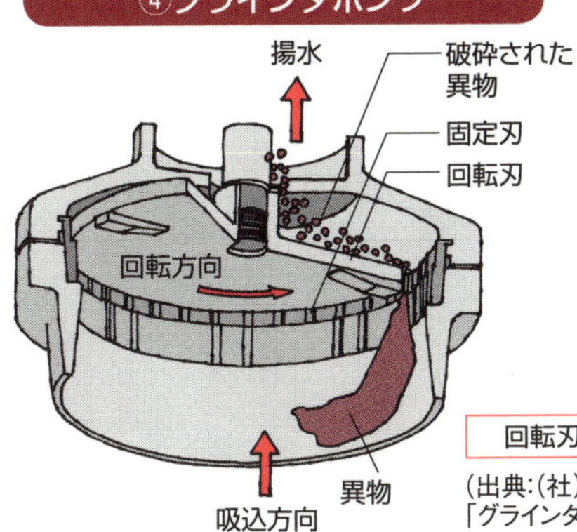

回転刃と固定刃で異物を削るように時間をかけて破砕する

(出典:(社)日本産業機械工業会　排水用水中ポンプシステム委員会
「グラインダポンプについて」)

12 防災と災害で働くポンプ

大雨や集中豪雨でフル稼働

防災用として働くポンプには、先行待機ポンプ、雨水対策ポンプなどがあり、災害用としては、救急排水ポンプ、スプリンクラー用加圧ポンプ、消防ポンプなどがあります。

まず「先行待機ポンプ」です。広範囲に及ぶ大雨や局地に集中した豪雨があったときに、雨水管の流量やポンプの排水能力を超えると、雨水が溢れ浸水被害が発生することがあります。このような浸水被害を未然に防ぐために、自治体によっては公共施設や道路などの地下に雨水を一時貯蔵するタンクを設けています。

このとき使われるポンプは大型の立軸斜流ポンプです。天気予報で大雨や豪雨が予想される場合、事前にポンプを運転して水を河川に流し、タンク内をほぼ空にします。その後、降雨が始まると、雨水はタンク内に導かれ、ポンプも運転を続け、雨水は河川に排出されます。ポンプそのものは軸受などが一瞬空気中で運転されるために、材料などの工夫が必要になります。

一方、タンクは貯蔵できる雨の量を超えると、雨水は溢れ出て浸水の恐れがあります。タンクの容量を決めるとき、推定雨量、設置場所、ポンプの大きさ、費用などを考慮する必要があります。

次は図①の「雨水対策ポンプ」です。このポンプは河川沿いの地下に設けられた貯水タンク内に設置されています。大雨で河川が氾濫しそうになったときに、その雨水を貯水タンクに自然に流れ込むようにします。そして数日後、河川の水位が下がったらポンプを運転して水を河川に戻してやります。ここで使われるポンプは、圧力は低くてよいので図②の「軸流ポンプ」になります。

河川が氾濫したときは図③の「救急排水ポンプ」が有効です。このポンプは、材料をアルミニウムやプラスチックにして軽量化を図っています。

要点BOX

- ●浸水被害を未然に防ぐ「先行待機ポンプ」
- ●タンクの容量とポンプの大きさを考慮する
- ●河川が氾濫したときは「救急排水ポンプ」

①雨水対策の例

②軸流ポンプ

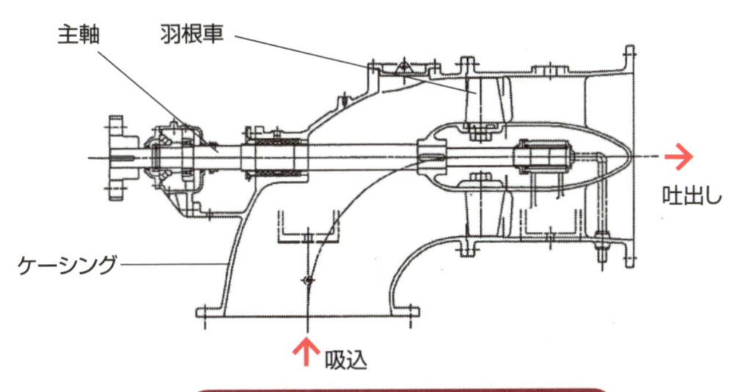

③救急排水ポンプ

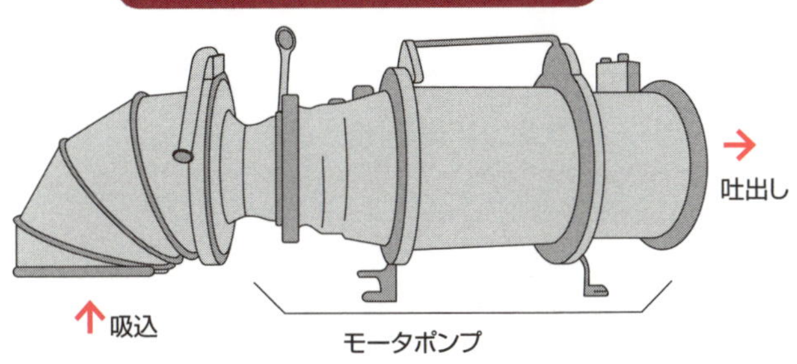

13 地下で働くポンプ

下水処理、温泉、地下水で活躍する

地下に埋設されるポンプとしていろいろな水中ポンプがありますが、ここでは私たちの生活に身近な下水道のポンプ、温泉用ポンプおよび地下水用ポンプを取り上げます。

各家庭などから排出された汚水は、図①に示すように、管渠を通してポンプ場へ集められます。そして、下水処理場で適切に処理されます。管渠は、汚水がポンプ場まで自然に流れるようにできればよいのですが、途中で立ち上げる必要がある場合、管渠の途中にマンホールを設けます。そこに図②のようなマンホールポンプを設置して、ポンプ場へ向けて汚水を流します。ポンプ場に集まった汚水は、立軸ポンプで汲み上げられて下水処理場へ送られて処理されるのです。

下水処理場では、保守点検がしやすい横形の汚水ポンプや汚泥ポンプが使用されていますが、これらのポンプは地下にあるために、外から見ることはできません。

温泉用ポンプは地下にある温泉の原水を汲み上げるポンプです。私たちは温泉に入ってリラックスできてよいのですが、原水には硫黄や二酸化炭素など腐食性のある成分を含んでいるので、ポンプは耐食性のあるプラスチックやステンレス鋼の材料にします。

地下水用ポンプは、地下に掘った井戸に設置されて、地下水を汲み上げるポンプです。地下水は、飲料水、工業用水、田畑の灌漑などに利用されます。また、冬期の地下水は温度が地上より高いために、道路の融雪用にも利用されています。冬に信州など雪のあるところに行くと、スプリンクラーがぐるぐる回って水を出しているのを見ることがあります。この融雪装置は、夏季に打ち水することにも利用されています。

温泉用ポンプも地下水用ポンプも、図③の立軸多段の水中モータポンプですが、ポンプは外径が小さく、段数が多くなります。

要点BOX

●汚水は管渠を通してポンプ場へ集められる
●管渠の途中にマンホールを設ける
●ポンプは地下にあるので外から見えない

①下水道のフロー

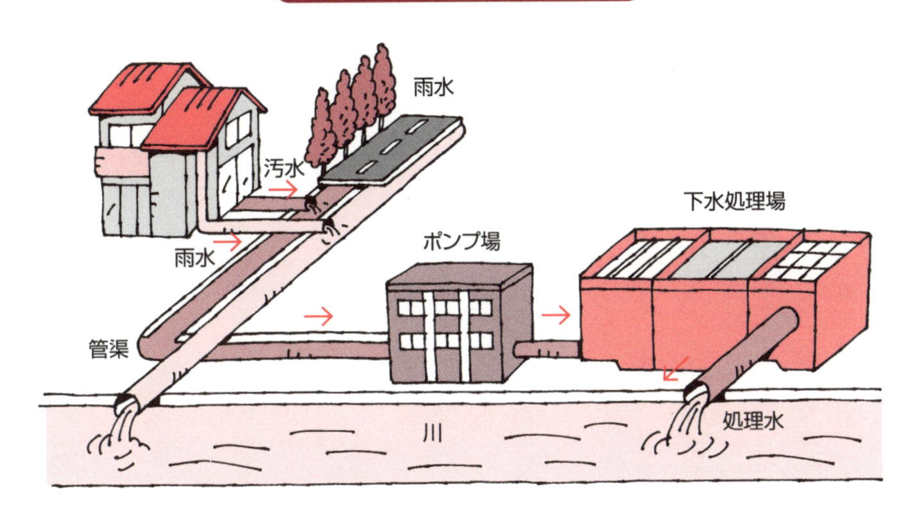

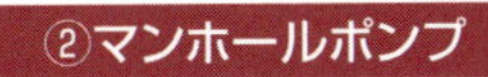

②マンホールポンプ

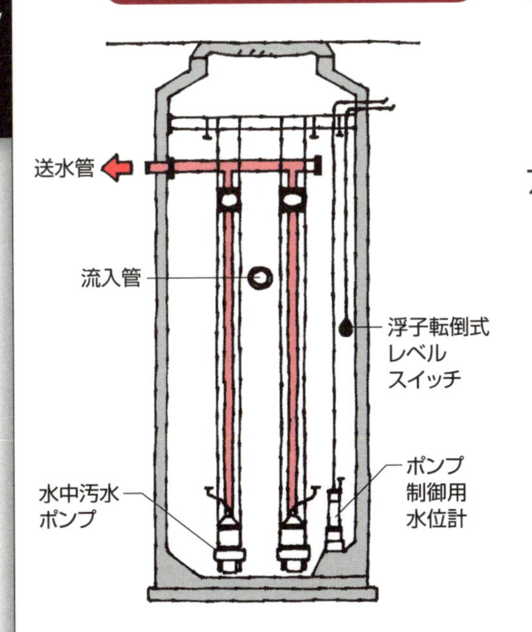

③水中モータポンプ

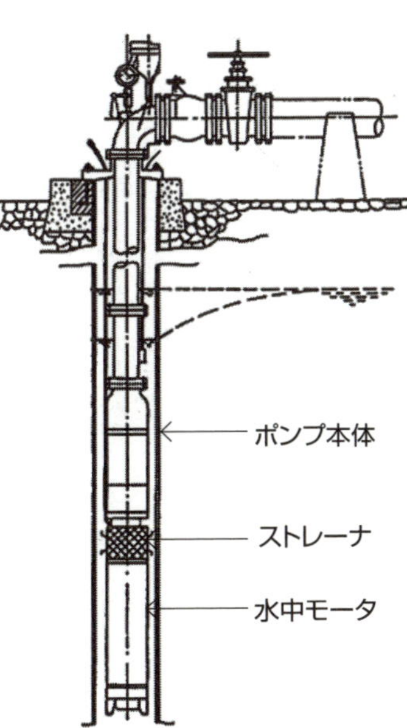

14 工場で働くポンプ

生活必需品を生産して私たちの生活を支える

原油を精製して燃料や石油化学製品の原料などを製造する工場は石油精製工場です。具体的な製品は、タクシーやガスレンジの燃料となる液化石油ガス（ＬＰＧ）、車の燃料であるガソリン、石油ストーブの灯油、バスやトラックで使う軽油などで、私たちの生活に密接なかかわりをもっています。

石油精製工場では、図①に示す精製フローの中にプロセスポンプが多数使われています。精製工程では高温の液、低温の液、スラリーがある液などがあって、使われているポンプの形式はいろいろとあります。これらのポンプはトラブルを起こすと重大な問題になるので、世界でもっとも厳しい設計規格が適用されます。

石油を原料として化学製品を造る石油化学工場では、製造工程にプロセスポンプ、製造途中の液を加熱するための熱媒ポンプ、冷却するためのブラインポンプなどが使われています。テレビやパソコン、スーパーマーケットなどで使われているプラスチックの袋、セーターなどに使われている合成繊維、ジョギングシューズなどに使われている合成ゴムなど、私たちに身近なこれらの製品は、石油化学工場から生まれています。

肥料などを生産する化学工業の工場では、塩酸、硫酸、硝酸、苛性ソーダなどの化学液が扱われるので、特に耐食性の高い材料のプロセスポンプ（図②）が使われています。その他に、紙を製造する製紙工場ではパルプポンプ、鉄を製造する製鉄工場ではデスケーリングポンプ、加工工場では図③に示すクーラントポンプ、自動車製造工場では塗料用ポンプ、半導体工場では図④の冷却水ポンプや洗浄ポンプが、それぞれ主要なポンプとして使われています。

生産するものに無関係に、どの工場でも工場の維持や働いている人のために、給水ポンプ、廃液ポンプ、消火ポンプなどが使用されています。

要点BOX

- ●石油精製工場ではプロセスポンプが多数
- ●液を加熱するための熱媒ポンプ
- ●冷却するためのブラインポンプ

①原油の製造フロー

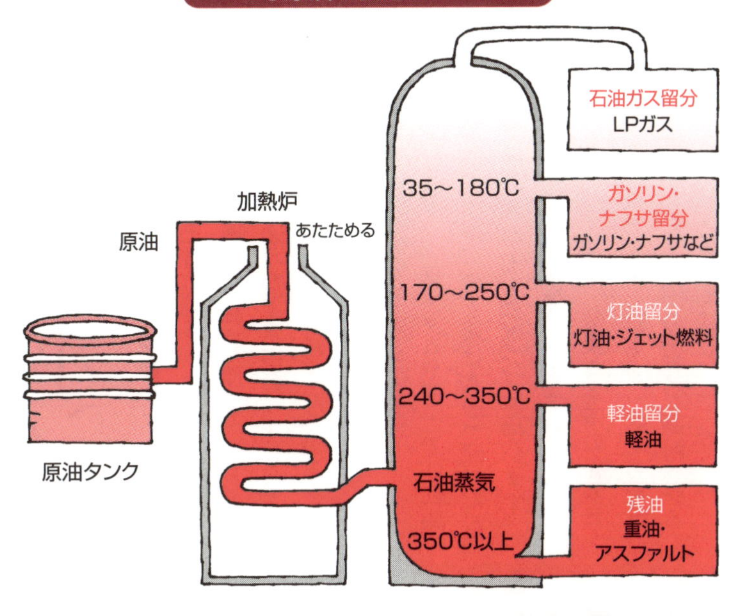

②プロセスポンプ

③クーラントポンプ

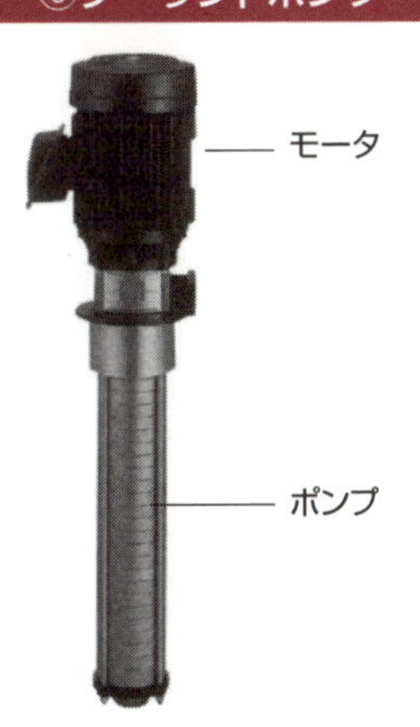

④冷却水ポンプ

15 飲料水を作って運ぶポンプ

地下水や海水から飲料水を作る

筆者が子供のころは、生活に必要な水は近くの井戸からバケツで汲み上げていました。その水は、飲料をはじめ、洗濯、風呂などにも使っていました。現在、飲料水は左図のような上水道のシステムで作られています。ダム、河川または地下から汲み上げた原水を、浄水場で浄化して消毒し、家庭などへ飲料水として供給します。

原水を汲み上げるポンプは、ダムや河川では立軸ポンプが使われていますが、地下水は水脈が深いために圧力の高い多段の水中モータポンプを使います。浄化され消毒されてできた水は、送水ポンプで貯水タンクに送られます。そして、必要な場所に必要量をポンプは使わずに自然に流し込むか、または配水ポンプを使って供給します。山の上など高所へ送るときには、中継加圧ポンプを使います。

送水ポンプは大流量で圧力はそれほど必要ないので、主に単段の両吸込ポンプを使います。配水ポンプは配水タンクの位置と供給する場所の距離や高低差によって変わり、単段の両吸込ポンプ、多段ポンプ、水中ポンプなどを使います。中継加圧ポンプも供給する場所の距離や高低差によって、いろいろなポンプが使われています。

さて、中近東などには海水から飲料水を造り出す「海水淡水化プラント」があります。このプラントは上水道と似ていますが、原水は海水であるという点が大きく異なります。海水から淡水を作るための方法は主に2つあります。海水を蒸溜する方法と逆浸透膜を使って海水と淡水を分離する方法です。

蒸溜する方法の場合、使用するポンプは上水道と同じですが、逆浸透膜を使った方法では高速で運転される高圧ポンプが必要になります。また、逆浸透膜を通過して濃縮された海水はまだ高い圧力があります。この圧力を利用して、ポンプを逆回転させたエネルギー回収タービンを装備しています。

要点BOX

●汲み上げポンプはダムや河川では立軸ポンプ
●地下水は圧力の高い多段の水中モータポンプ
●海水淡水化には2つの方法がある

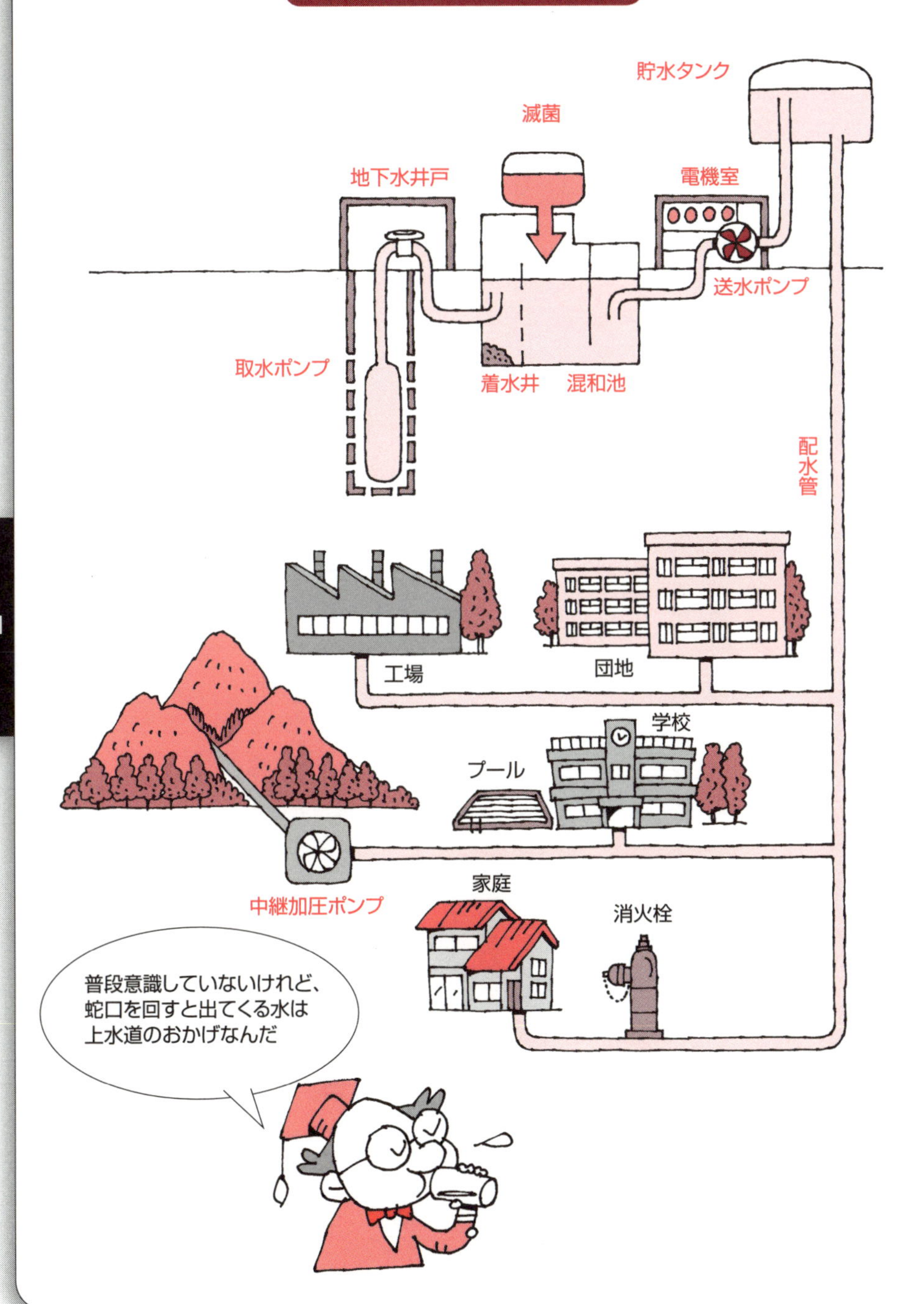
上水道のシステム
貯水タンク
滅菌
地下水井戸
電機室
送水ポンプ
取水ポンプ
着水井
混和池
配水管
工場
団地
学校
プール
中継加圧ポンプ
家庭
消火栓
普段意識していないけれど、
蛇口を回すと出てくる水は
上水道のおかげなんだ

16 家庭で働くポンプ

給湯器にはポンプが付いている

家庭で使われているポンプで多くの方が利用しているのは、給湯器の循環ポンプだと思います。毎日の生活の中で、風呂、シャワー、食器洗いのときに、給湯器のモニターのスイッチをオンにして、蛇口を開けると温水が出てきます。しかも、水温も調整できます。私たちは日常、意識しないで給湯器を使っていると思いますが、循環ポンプがしっかりと温水を送ってくれているのです。ここで使われるポンプは、液漏れのない小型のシールレスポンプが主流です。また、いつでも好きなときに利用できる家庭用24時間風呂にも、やはり循環ポンプとしてシールレスポンプが使用されています。

次に、風呂の残り湯を汲み上げて、洗濯や花木の水やりに使う図①の「風呂水ポンプ」は量販店で売られています。これに使われているポンプは超小型の水中モータポンプです。家庭用の電源で運転でき、価格は数千円と安価です。

家庭で使用する電気を自分で作るための装置に、図②に示す「燃料電池」というものがあります。発電と温水を同時に作り出し、二酸化炭素の排出を少なくした発電システムです。これには、純水ポンプ、冷却水ポンプおよび排熱回収ポンプが使われています。これらのポンプは液漏れのないシールレスポンプですが、手のひらに乗るほどの小型ポンプです。高効率で長寿命であることが必須になります。

大地震の後、ときどき話題に上がる家庭用の「井戸ポンプ（図③）」です。水脈があるところに井戸を掘れば、バケツなどの人力で汲み上げてもよいのですが、電気を使って水を汲み上げることができるのが井戸ポンプです。水深が8ｍほどまでであれば、浅井戸ポンプ、それ以上深いと深井戸ポンプを使います。深井戸ポンプではジェットという部品が必要になります。いずれも家庭で使っている１００Ｖの電源でポンプを簡単に運転できます。

要点BOX
- ●台所や風呂で見かけるポンプ
- ●超小型の水中モータポンプは安価
- ●燃料電池の中のポンプ

②燃料電池システム

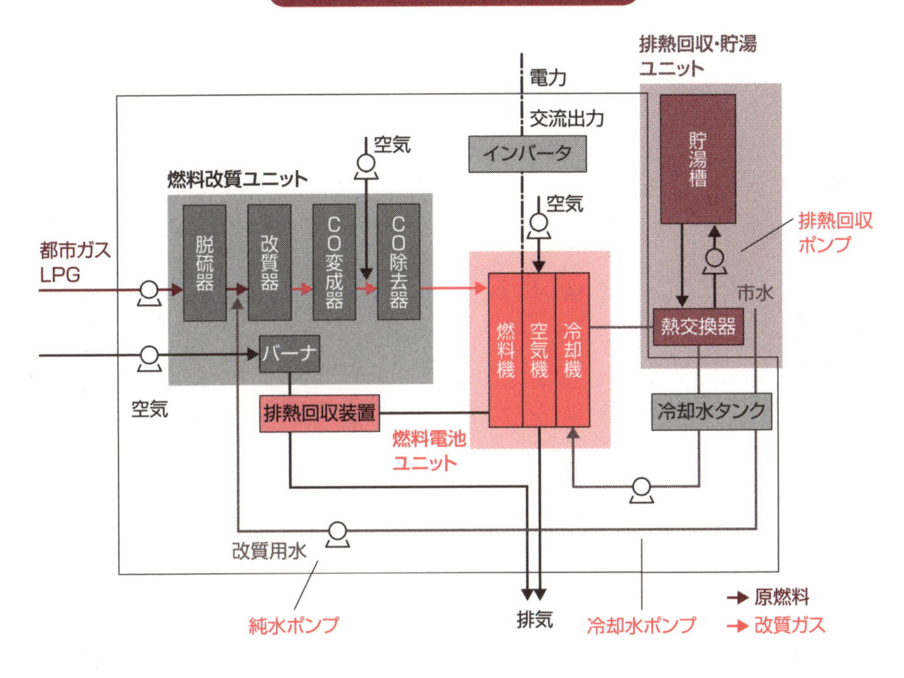

①風呂水ポンプ

③浅井戸用ポンプと配管

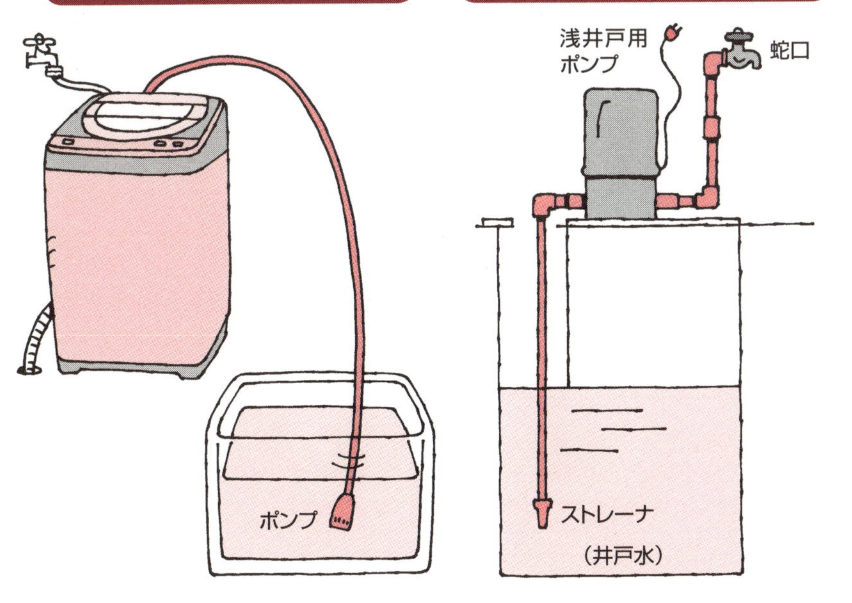

Column

ポンプの国際規格は技術のオリンピック

国際規格の制定および改定について、各国ともに委員の方々は自国に有利になるように、取り組んでいると思います。

現在持っていて実用可能な最新技術を取り込み、できない技術は規格にしないのは、どの規格も同じです。しかし、ポンプの国際規格については少し違うと感じています。自国に有利になるような規定は含まれていません。ポンプはもはや技術革新がないからでしょうか？

この答えはさておいて、ポンプは国際規格に合わせて設計し製造しますが、そこに利益を上げるという命題があります。国際規格というルートを守って、正々堂々と競争をします。オリンピックと同じです。

「金メダル」を獲得するためには、販売促進、受注活動、設計開発、販売後のフォローアップ、そして特に製造技術と調達がカギを握ります。

第3章

ポンプで使用する記号と専門用語

17 ポンプで使用する記号

用語を代用する便利な記号

ポンプの特性や仕様を指定するときに、一般に使用されている用語の代わりに、よく記号が使われています。

記号は、たとえばポンプの購入者とポンプメーカとの間で、仕様などの連絡をし合うときに便利です。JIS B 0131では、これらの記号を規格にしていますが、国際的な規格がないために、どれが正しいということはいえません。

ポンプの特性には、吐出し量、全揚程、効率、回転速度、NPSH3などがあります。ポンプの仕様では、取扱液の特性として飽和蒸気圧力、密度、粘度などがあり、運転条件として液温、吸込圧力、規定吐出し量、規定全揚程、吐出し圧力、NPSHAなどがあります。

特に重要な用語について説明します。

①吐出し量：ポンプには吸込と吐出し口がありますが、単位時間当たりの吐出し口から出る液の量のことをいいます。単位はm^3／hなどを使います。たとえば、吐出し量が5m^3／hであれば、1時間当たり5m^3の液が吐出し口から出ます。

②全揚程：ポンプ自体が発生する圧力、つまり全圧力のことなのですが、単位はmで表すので全揚程と呼んでいます。全圧力と全揚程は換算ができます。また、ポンプの吐出し圧力は吸込圧力と全圧力の和になります。

③効率：ポンプが駆動機から与えられるトルクを使って、どれだけの有効な仕事ができるかという指標です。たとえば、効率が70％のポンプは、与えられたトルクを使って、有効な仕事を70％消化して、残りの30％は漏れや摩擦などの損失になります。

④回転速度：単位時間当たりのポンプが回転する回数のことをいいます。たとえば、回転速度が2970min^{-1}であれば、ポンプは1分間に2790回、回転します。

要点BOX
●仕様を指定する時に用語の代りに記号を使う
●ポンプの特性には吐出し量、全揚程などがある
●ポンプの仕様は飽和蒸気圧力、密度、粘度など

①ポンプで使用する主な記号

	用語	一般的な記号	その他の記号	JIS B 0131
特性を表す記号	吐出し量	Q	CAP.	Q
	全揚程	H	TH、DIFFH	H
	効率	η	E、EFF.	η
	回転速度、(回転数)	N	RPM、R/M	n
	NPSH3	NPSH3	NPSHR、ReqNPSH	H_{sv}
仕様を表す記号	飽和蒸気圧力	P_{vp}	Pv、VAP.P.	Pv
	密度、(比重)	ρ	γ、SG	ρ
	動粘度、(粘度)	ν	Vvis	ν
	液温	t	T、LiqT	規定なし
	吸込圧力	P_s	SUC.P.	P_s
	規定吐出し量	Q_r	Q_{rated}、RATEDQ	Q_{sp}
	規定全揚程	H_r	Hrated、RATEDH	H_{sp}
	吐出し圧力	P_d	DIS.P.	P_d
	軸動力	S	BHP	P
	NPSHA	NPSHA	NPSHAv、AvNPSH	h_{sv}

②ポンプで使用する主な記号の意味

用語	意味
NPSHA、NPSH3	キャビテーションに関する用語。ポンプがキャビテーションを起こさないためには、両者の関係は「NPSHA>NPSH3」にする必要がある。
飽和蒸気圧力	液体が蒸発するときの圧力で、液体の温度によって変わる。液体の温度が高くなるほど、飽和蒸気圧力が高くなる。
密度、(比重)	液体の単位体積当たりの質量。単位は、たとえば「g/㎤」で表す。常温の水は密度は1.0、油では約0.8である。ポンプの軸動力に関係する。
動粘度、(粘度)	液体のもつ物性値だが、簡単にいうと「液体のサラサラ具合」になる。動粘度はポンプの性能に影響する。動粘度が高いほど、吐出し量、全揚程および効率が低下する。
液温	文字どおり、液体の温度。液温がマイナス50℃のように低い場合、ポンプ材料はねずみ鋳鉄のような脆い材料は使用できない。
規定吐出し量、規定全揚程	顧客とポンプメーカで決めた吐出し量および全揚程のことで、契約上の性能になる。したがって、ポンプはこの性能を満足する必要がある。
軸動力	ポンプが必要になるトルクで、単位は一般にはkWで表す。軸動力の値によって、駆動機の定格出力を決める。

18 ポンプで使用する単位と換算

間違いが許されない単位換算

ポンプで使用する記号はさまざまですが、これは世界的な規格がないためです。また、ポンプで使用する単位は「SI単位」が世界的な標準なのですが、実際には「CGS系単位」や「工学系単位」もまだ多く使われています。しかし単位はさまざまあっても、相互に換算が可能なので、自分の必要な単位に換算しても、同じ数量であることに変わりはありません。

しかし、顧客から与えられた単位を自分の必要な単位に換算するときに、間違ってしまうと悲劇が起こります。

ポンプの大きさを間違えたり、回転速度の間違ったポンプを選んだりという、致命的な問題になります。それではどのような単位が使われているのでしょうか。用語に対する単位および単位間の主な換算を表①②③に示します。

ここで、これらの表からどのように換算するか、いくつか例をあげてみます。

①（吐出し量Q=600UGPM、全揚程H=200ft。吐出し量Qを「m³/min」、全揚程Hを「m」に換算。
表②から、1USGPM=0.00378543m³/minなので、
吐出し量Q=600×0.00378543=2.27m³/min。
全揚程Hは「1ft=0.304801m」なので、
全揚程H=200×0.304801=61.0 m

②吸込圧力Ps=40kPaG、吐出し圧力Pd=2.2MPaG。これらの圧力を単位「kg/cm²G」に換算。
表③から、1kPa=0.0101972kg/cm²、
1MPa=10.1972kg/cm²なので、
吸込圧力Ps=40×0.0101972=0.41kg/cm²G
吐出し圧力Pd=2.2×10.1972=22.4kg/cm²G

③液温150°F。単位を「°C」に換算。
tC=5/9×(tF-32)　tC:°C、tF:°F
したがって、tC=5/9×(150-32)=65.6°C

要点BOX

- ポンプで使用する記号は世界的な規格がない
- 「CGS系単位」や「工学系単位」も使われる
- 相互に換算が可能である

①ポンプで使用する主な単位

用語	一般的な単位	その他の単位	SI単位	JIS B 0131
吐出し量	㎥/h	㎥/min、ℓ/min、USGPM	㎥/s	㎥/s
全揚程	m	ft	m	m
効率	%		%	%
回転速度、(回転数)	rpm	min−1	s−1	1/s
NPSH3	m	ft	m	m
飽和蒸気圧力	kg/㎠	bar、atm、kPa、MPa、mmH$_2$O、mmHg、torr	Pa	Pa
密度、(比重)	g/㎤	kg/㎥	kg/㎥	kg/㎥
動粘度、(粘度)	cSt	cP、㎟/s	㎡/s	㎡/s
液温	℃	°F	K	規定なし
吸込圧力	kg/㎠	bar、kPa、MPa、PSI	Pa	Pa
吐出し圧力	kg/㎠	bar、MPa、PSI	Pa	Pa
NPSHA	m	ft	m	m

②単位の換算-吐出し量

m^3/h	m^3/min	ℓ/min	USGPM	m^3/s
1	0.0166667	16.6667	4.40285	0.000277778
60	1	1000	264.171	0.0166667
0.06	0.001	1	0.264171	0.0000166667
0.227126	0.00378543	3.78543	1	0.0000630905
3600	60	60000	15850.2	1

③単位の換算-圧力

kg/㎠	kPa	MPa	mmHg, torr	PSI
1	98.0665	0.0980665	735.559	14.2233
0.0101972	1	0.001	7.50061	0.145038
10.1972	1000	1	7500.61	145.038
0.00135951	0.133322	0.000133322	1	0.0193368
0.0703070	6.89476	0.00689476	51.7149	1

19 ポンプの圧力と圧力計の読み(1)

圧力は単位面積に働く力

ポンプを設置して試運転のとき、ポンプが正規の圧力を出しているかどうか確認する必要があったり、使い始めて数年経過してポンプの圧力がどの程度低下しているかを確認したりすることがあります。この場合、ポンプの吸込圧力と吐出し圧力を測定すると、ある程度正規の性能に対する低下度合を推測できます。

圧力を測定する際に、吸込側の圧力計と吐出し側の圧力計の中心が同じ場合と、取付け高さが*hg*だけ異なる場合、ポンプは同一の圧力を発生しているとすると、それぞれの圧力計の読みはどうなるでしょうか。

答えは20項に示しますが、その前に、圧力計の高さが異なる場合の読みの違いを考えてみましょう。図③に示すように、大気開放で内周の底面積が1㎠の円筒に水を入れ、全液面高さH=100㎝とし、さらに高さの異なる位置に4個の圧力計を取り付けます。4個の圧力計はそれぞれ「圧力計1から4」とし、取り付ける高さを水面から下に「H1からH4」とし、H1＝20㎝、H2＝40㎝、H3＝70㎝、H4＝90㎝とします。この状態において、圧力計1から4の読みはどうなるでしょうか。

圧力とは「単位面積に垂直方向に働く力」と定義されています。つまり水の力、すなわち水の質量を計算し、これで底面積で割ると圧力が計算できるのです。

水の密度ρ＝1.0 g/㎤として、それぞれの圧力計の高さにおける水の質量を計算して表④に示します。この質量が各圧力計の高さにおける断面に働き、圧力はその断面積1㎠に作用するので、

(圧力 g/㎠) ＝ (水の質量g) ÷ (断面積1㎠)

となります。

表④を見ると、水面からの高さが圧力になっていることがわかります。

要点BOX

- ●圧力とは「単位面積に垂直方向に働く力」
- ●ポンプの吸込圧力と吐出し圧力を測定すると正規の性能に対する低下度合を推測できる

①圧力計の取付け高さが同じ場合

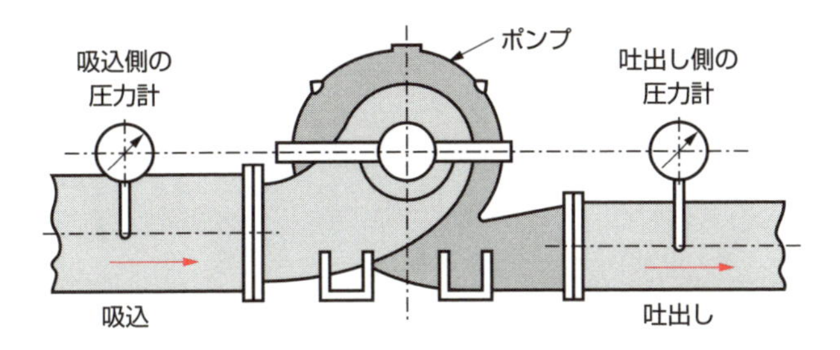

②圧力計の取付け高さが異なる場合

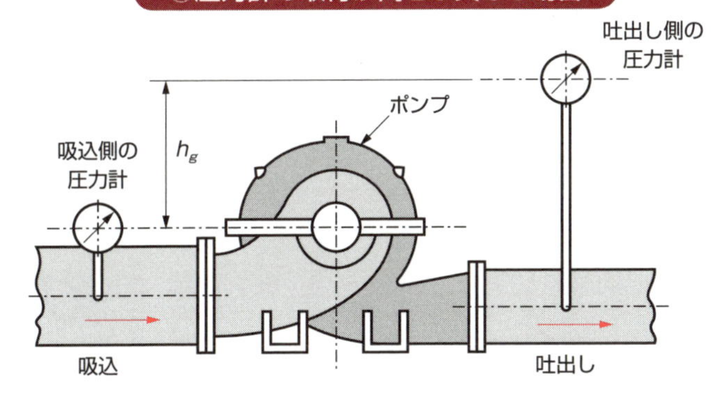

③4個の圧力計の読み

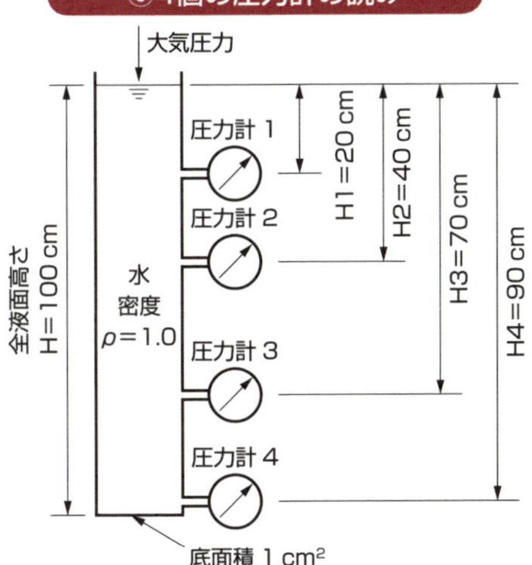

④圧力の計算

	圧力計 1	圧力計 2	圧力計 3	圧力計 4
水の質量 (g)	20	40	70	90
圧力 (g/cm^2)	20	40	70	90
圧力 (kg/cm^2)	0.02	0.04	0.07	0.09

たとえば、圧力計1の深さは20cmなので、圧力は20g／㎠になっている。圧力計1と圧力計2を比べると、圧力計2は圧力計1よりも20 cmだけ下になっていて、圧力も20g／㎠だけ高くなっている。

20 ポンプの圧力と圧力計の読み(2)

読みは高さが変われば変わる

19項では、圧力計1は圧力計2よりも20㎝だけ上になっていて、圧力も20g/㎠だけ低くなっています。つまり、圧力計の読みは、圧力計の取付け位置が上方になるほど低くなり、その読みは垂直高さ分だけ低くなるのです。そして、円筒内周の底面積を1㎠にしましたが、底面積はいくらでもよいのです。底面積が大きければ、水の質量も多くなりますが、圧力は断面積で割るので同じになるのです。

次に図①に示すように、圧力計1と同じ高さに圧力計5を取り付け、円筒と圧力計をつなぐ枝管の中は水を充満します。円筒からの取出し口は圧力計4と同じH4=90cmです。このとき、圧力計1と圧力計5の読みはどうなるでしょうか。結論をいうと、同じになります。つまり、圧力計の読みは、圧力計の取出し高さには無関係に、圧力計の高さによるのです。

さて、19項の質問の答えです。ポンプの運転点が変わらないとすれば、ポンプ吸込側の圧力計は両者で読みは同じになります。ポンプが発生する圧力も同じなので、圧力計の取付け高さが同じ場合は、吐出し側の圧力計は吸込側の圧力計の読みに、ポンプの発生する圧力を加えた読みになります。

一方、吐出し側の圧力計の取付け高さが吸込側より*hg*だけ高い場合は、吐出し側の圧力計の読みは、圧力計の取出し高さが同じ場合の吐出し側の圧力計の読みから*hg*を圧力に換算した値を引いた読みになります。

ポンプにおいて、圧力と圧力計の読みの関係は重要なので、しっかりと理解していただくために、ここで応用問題です。ここまで、水を例にして話を進めてきましたが、図②にあるように、1㎤の角砂糖のサイズで、密度ρ=1.0g/㎤の水と密度ρ=0.8g/㎤の油をそれぞれの高さで積み上げたとした場合、床面に作用する圧力は、いくらになるでしょうか。

●圧力と圧力計の読みの関係は重要
●圧力計の読みは、圧力計の取出し高さには無関係に圧力計の高さによる

①2個の圧力計の読み

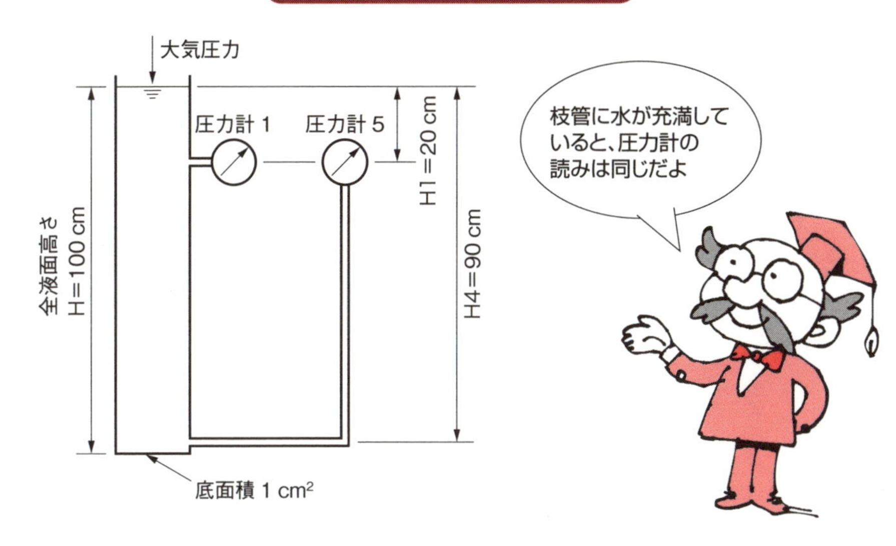

②水と油の圧力

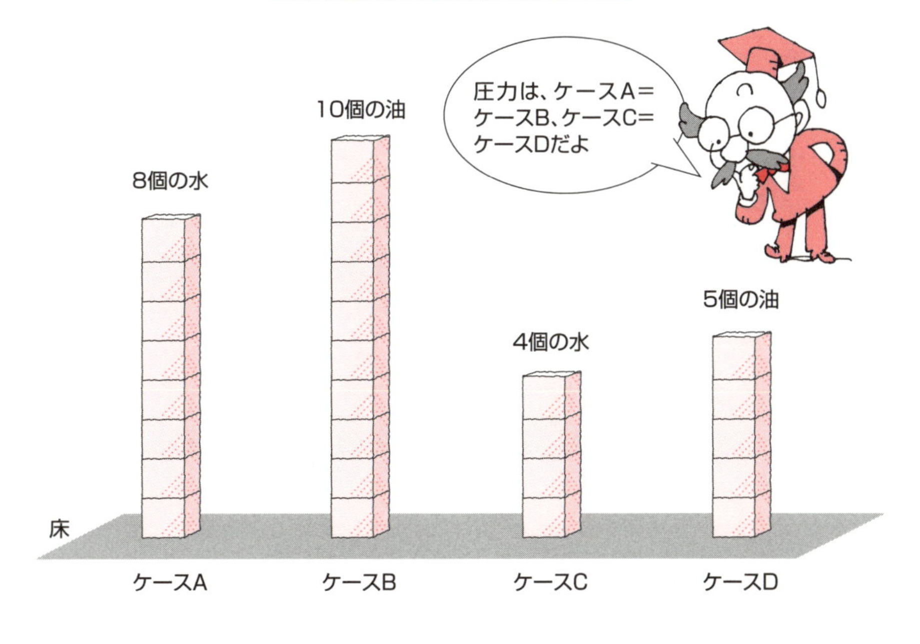

21 ポンプの特性を表す比速度

性能評価、性能予測に使う専門用語

「比速度（ひそくど）」という用語は、ポンプの使用者には聞き慣れない用語だと思います。しかし、ポンプメーカの設計者にとって、比速度は重要です。

遠心ポンプにおいて、特性を表わすための値として、吐出し量、全揚程、効率、回転速度、ＮＰＳＨ３などがあります。吐出し量、全揚程および回転速度の数値によって、ポンプの大きさや形状はいろいろと変わります。したがって、1つの特性数を用いて、ポンプの特性や形状を表すことができれば、性能評価、性能予測、比例設計などに利用でき、非常に便利になります。

ここで、形状が異なる3種類の羽根車A、BおよびCについて、*Ns*がどうなるかを見てみましょう。3種類の羽根車の諸寸法を表③に示す記号として、羽根車を次のように設計します。

$\pi \cdot D2_A \cdot B2_A = \pi \cdot D2_B \cdot B2_B = \pi \cdot D2_C \cdot B2_C$

$DS_A = DS_B = DS_C$

$dn_A = dn_B = dn_C$

こうすることによって、最高効率点（BEP=Best Efficiency Pointという）の吐出し量*Q*を同一にすることができ（厳密にいうと*Ns*によって少し異なります）、また全揚程*H*は羽根車直径の2乗に比例するので、3種類のうち、いずれかの性能がわかっていれば、そのほかの性能は予想できます。

羽根車Aの寸法と性能を表④の値として、かつ、羽根車Bと羽根車Cの羽根車直径と出口幅を表④の値で設計すると、同表のような性能が予想されます。そして、*Ns*を計算すると、羽根車Aは１２３、羽根車Bは１８９、羽根車Cは３４７になります。

先に、厳密にいうと*Ns*によって吐出し量*Q*は少し異なるといいました。その理由は次によります。

・ポンプの性能は、羽根車だけで決まるのではなく、ケーシングの設計によって変わる
・羽根車の翼長さは*Ns*が大きいほど短くなる

要点BOX
- ●「比速度」は聞きなれない用語だが設計者にとっては重要
- ●1つの特性数を用いポンプの特性や形状を表す

①比速度の計算式

$$Ns = \frac{N \cdot \sqrt{Q}}{H^{\frac{3}{4}}}$$

ここに、Q:吐出し量(m^3/min)、H:全揚程(m)、N:回転速度(min^{-1})であり、最高効率点の値を用いる。
多段ポンプの場合には全揚程Hは1段当たりの全揚程、両吸込形羽根車の場合には吐出し量Qを半分にして計算する。
多段ポンプの場合には全揚程Hは1段当たりの全揚程、両吸込形羽根車の場合には吐出し量Qを半分にして計算する。

②羽根車の形状

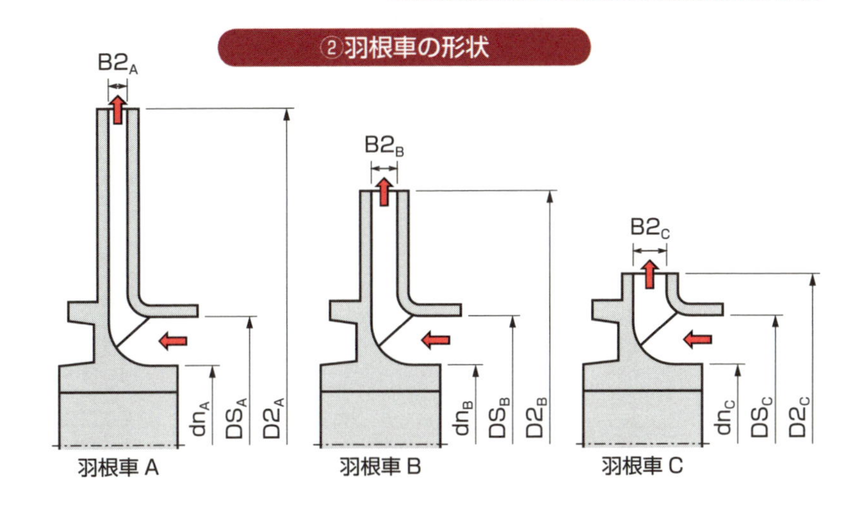

③羽根車の諸寸法

羽根車	羽根車直径	出口幅	目玉外径	目玉内径
A	$D2_A$	$B2_A$	DS_A	dn_A
B	$D2_B$	$B2_B$	DS_B	dn_B
C	$D2_C$	$B2_C$	DS_C	dn_C

④ポンプの性能

羽根車	羽根車直径(mm)	出口幅(mm)	Q @BEP (m^3/min)	H @BEP(m)	N (min^{-1})	Ns @BEP
A	240	7.5	1.167	77.0	2950	123
B	180	10	1.167	43.3	2950	189
C	120	15	1.167	19.3	2950	347

22 ポンプの吸込性能を表す吸込比速度

効率と関係するが二律背反になる

ポンプの特性や形状を表す特性数に比速度*Ns*がありますが、似たような特性数として、吸込比速度*S*というものがあります。吸込比速度*S*は、比速度*Ns*とは違い、ポンプの吸込性能のよさを表す指標です。

吸込比速度*S*は、表①に示すように、最高効率点における回転速度*N*、吐出し量*Q*およびNPSH3で計算することができます。また、NPSH3の計算式から、NPSH3について次のことがわかります。

①回転速度が高くなると増大する。
②吐出し量が増えると増大する。

ここで重要なことは、吸込比速度*S*は、比速度*Ns*によらずほぼ一定の値になるということです。比速度*Ns*が小さいとほぼ*S*=1800、比速度*Ns*が大きくなるとほぼ*S*=1200になります。このことから、表①に示すように、NPSH3を計算で想定することができるのです。

具体的には、同じ比速度*Ns*であれば、吸込比速度*S*が大きいほどNPSH3が小さくなるので、ポンプの吸込性能は「よい」と評価します。

さて、吸込比速度*S*と効率は密接な関係にあります。吸込比速度*S*がよい設計にすると、効率は低下します。効率のよい設計をすると、吸込比速度*S*は悪化します。つまり、吸込比速度*S*をよくし、同時に効率を高くすることはできません。両者は二律背反の関係にあります。

効率を犠牲にしないで、何か方法はないかと考える方がいるかもしれません。実は、あります。両吸込形羽根車にする、回転速度を下げる、または立形ポンプに変えるという方法があります。しかし、回転速度を2極から4極に変えると、ポンプは大きくなり価格も高くなります。立形ポンプにすると、高価格になることに加え、保守点検手間がかかることになります。

要点BOX

- ●吸込比速度*S*は、比速度*Ns*によらずほぼ一定の値になる
- ●吸込比速度と効率は二律背反の関係にある

①吸込比速度

$$S = \frac{N\sqrt{Q}}{NPSH3^{\frac{3}{4}}}$$

S:吸込比速度

N:回転速度(min^{-1})

Q:吐出し量(m^3/min)、ただし両吸込形羽根車のときは1/2にする。

NPSH3:必要有効吸込ヘッド(m)

すべて最高効率点の数値を使用する。

上式を変形すると、

$$NPSH3 = \left(\frac{N\sqrt{Q}}{S}\right)^{\frac{4}{3}}$$

吸込比速度は
ポンプの吸込性能の
よさを表す指標だよ

②羽根車の吸込形状

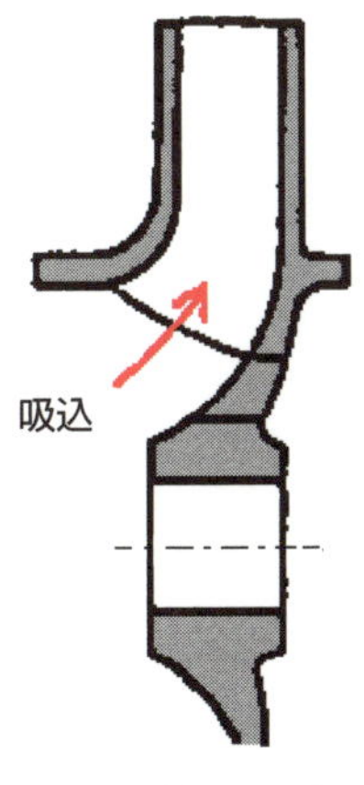

片吸込形

1個の羽根車に、吸込口が1個あるものは片吸込形、2個あるものが両吸込形である

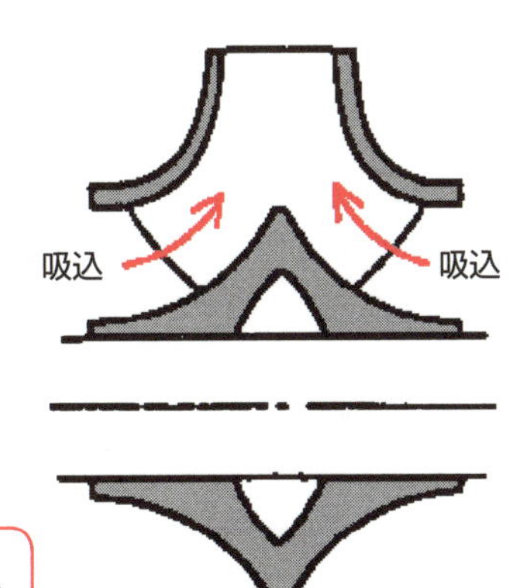

両吸込形

23 ポンプの吸込揚程とNPSHの意味

「このポンプは何m（メートル）吸い上げられるか」ということが、話題になることがあります。図①に示す*ha*が吸い上げることができる高さ、すなわち「吸込揚程」になります。吸込揚程は「キャビテーション」に直接関係する値です。吸込揚程より低い液面高さ、つまりポンプが吸い上げることができない液面高さでポンプを運転すると、ポンプは「キャビテーション」という重大な事故を起こします。

それでは、どうやって吸込揚程を知ることができるのでしょうか。それには、まずNPSHAとNPSH3のそれぞれの意味を理解する必要があります。

NPSHAは英語では「Net Positive Suction Head Available」、日本語では「有効吸込ヘッド」と呼んでいます。ポンプの羽根車入口直前の圧力が、取扱い液の飽和蒸気圧力に対して、どれだけ余裕をもっているかを表す圧力のことですが、NPSHAは単位をm（メートル）で表します。

したがって、NPSHAは、「ポンプの羽根車入口直前の圧力が、取扱液の飽和蒸気圧力に対して、どれだけ余裕をもっているかを表すヘッド」です。すなわち、液がもっている吸込ヘッドから飽和蒸気圧力を引いたヘッドと定義されます。

NPSH3は英語では「Net Positive Suction Head Required」、日本語では「必要有効吸込ヘッド」と呼んでいます。ポンプが液を羽根車から吸い込んでいくために必要になる圧力ですが、NPSHAと同様に、単位をmで表します。

したがって、NPSH3は、「ポンプが液を羽根車から吸い込んでいくために必要になるヘッド」です。すなわち、液が羽根車に入る直前の速度ヘッドと羽根車入口で起こる局部的な圧力低下の和と定義されます。重要なことは、NPSHAもNPSH3も、絶対真空を0mとして表示している点です。

ポンプは何メートル吸い上げられるか

要点BOX
- ●吸込揚程はキャビテーションに直接関係する値
- ●NPSHAもNPSH3も絶対真空を0 mとして表示、マイナスにはならない

①ポンプの配置

$$\mathrm{NPSHA} = \frac{10}{p} \cdot P_s - \frac{10}{p} \cdot P_{vp} - h_a - h_L$$

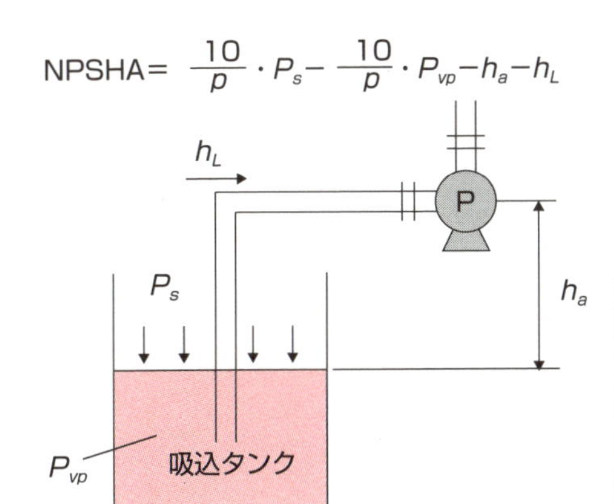

P_s：液面の圧力（kg/cm²a.）
P_{vp}：液の飽和蒸気圧力（kg/cm²a.）
h_a：液面とポンプ羽根車中心の高さ（m）
h_L：ポンプ羽根車入口までの圧力損失（m）
p：液の密度（g/cm³）
1 MPa＝10.1972 kg/cm²

②NPSHAの計算

図①において、
①液面の圧力は大気圧力なので変動はない
②液温が変わらないので液の飽和蒸気圧力および密度は変わらない
③液面に変動がないので液面とポンプ羽根車中心の高さは変わらない
すなわち、P_s, P_{vp}, h_aおよびρを一定とすれば、

NPSHAはポンプ羽根車入口までの圧力損失h_Lだけの変数になる

圧力損失h_Lは吸込配管内の流速の2乗に比例して増加する	ポンプの吐出し量と吸込配管内の流速は比例関係になる

圧力損失h_Lは吐出し量の2乗に比例して増加する

すなわち、NPSHAは吐出し量が0のとき最大になり、吐出し量の2乗に比例して低下する

24 ポンプの吸込揚程とNPSHの関係

キャビテーションを起こさない条件

23項では、NPSHAとNPSH3の意味を説明しました。ここでは、NPSHAの計算方法、および両者の関係を説明します。

NPSHAは、ポンプの吸込側の条件、すなわち吸込タンクが大気開放か密閉か、その吸込タンク内の液面高さ、吸込配管が長いか短いか、曲管が多いか少ないかなどによって決まります。NPSHAは、一般にはポンプ使用者側の設備設計者によって計算されるヘッドで、ポンプメーカへ指示されます。NPSH3は、羽根車の設計やポンプの吸込口の設計によって変わり、いわばポンプ固有のヘッドになります。

NPSHAは吐出し量が0のとき最大になり、吐出し量の2乗に比例して低下します。一方、NPSH3は比速度*Ns*が小さい遠心形ポンプの場合、吐出し量の増加とともに増加します。この関係を図①に示します。

ポンプがキャビテーションを起こさないで安全に運転されるためには、

NPSHA>NPSH3

という関係になることが必要です。図①で示す点Aが、理論的には運転可能な吐出し量の最大になります。しかし、実際にはNPSHAの計算の不確かさ、吸込配管内面の経年変化、駆動機への電圧変動によるポンプ回転速度の変動などを考慮して、次のような余裕をみます。

NPSHA−NPSH3≧0.6m　または、NPSHA≧1.3xNPSH3

参考ですが、NPSHAとNPSH3は、従来次のように呼んでいました。

「NPSHA」：NPSH Av、Av. NPSHなど

「NPSH3」：NPSHR、NPSH Req.、Req. NPSHなど。

要点BOX

- ●NPSHAは吐出し量が0のとき最大になる
- ●吐出し量の2乗に比例して低下する
- ●安全運転にはNPSHA>NPSH3の関係

①NPSHAとNPSH3の関係

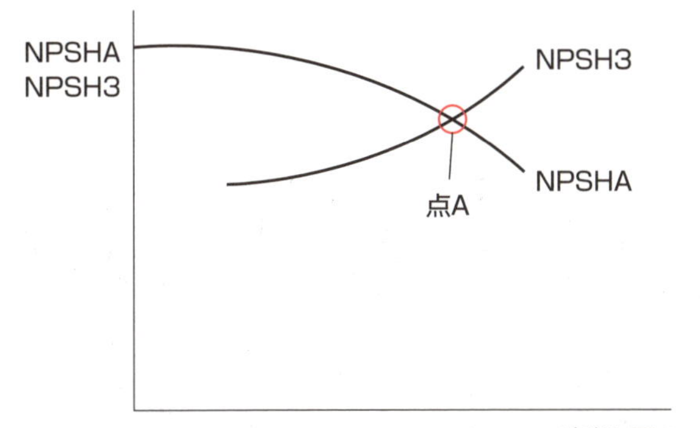

NPSHAは吸込条件で決まるヘッド。
NPSH3はポンプ固有のヘッド。

②NPSHAとNPSH3の計算例

㉓項の図①「ポンプの配置」において、吸込タンクの液は常温の水で液面は大気開放とする。そうすれば、

Ps=1atm=1.03323kg/㎠

Pvp=0.02383kg/㎠ a.

ρ=1.0g/㎤

吐出し量　Q=30㎥/hのときの

ha=3m

h_L=1.0m

ここで、吐出し量Q=0㎥/hのときは、h_L=0m

NPSHA=10×Ps/ρ−10×Pvp/ρ−ha−h_L の計算式から、
吐出し量Q=30㎥/hのときは、

NPSHA=10×1.03323/1.0−0.02383/1.0−3−1.0=6.09m

このときNPSH3=2.5mとすれば、余裕は

NPSHA−NPSH3=6.09−2.5=3.59m

したがって、haをさらに大きくすることができます。余裕を0.6mにすると

ha=3.59−0.6+3=5.99=6.0m

にすることができる。

つまり、この例の場合、吸込揚程は6mになる。

Column

「API 610」という規格

この規格は改定を繰り返し、現在は第11版が最新で、本年中に第12版が発行される予定です。

この規格の特徴は、規格どおりで設計してトラブルが起きたら、原因を明らかにして、その後同じトラブルが起こらないように規格を改定していることです。たとえ製造原価が上がって困る内容でも改定します。会合で製造原価を理由に改定に反対するのは厳禁です。

もう1つ大事なことがあります。この規格で設計し製造できるようになると、どのようなポンプでも設計できるようになるということです。APIポンプをやっていないポンプメーカでも、この規格の精神を理解すれば、コストを下げた信頼性のあるポンプの設計に利用できるのです。

第1版が発行されたのは1954年で、偶然にも私の生まれた年なのです。私が世を去った後も、API 610は存続し続けるでしょう。ちょっと悔しいです。

第4章
ポンプの構成部品と役割

25 ポンプを構成する部品

小さい部品もポンプの構成部品です

ここでは代表的な片吸込形遠心ポンプを取り上げて、構成する部品について説明します。ポンプの断面図と部品名の例を図①に示します。

ポンプの主要な構成部品は、ケーシング、羽根車、主軸、軸受および軸封です。ポンプではまず、駆動機から軸継手を介して主軸にトルクを伝え、羽根車は主軸に一体で取り付けられているので、羽根車はそのトルクを得て回転します。そして、ポンプの吸込口から液を取り込んで羽根車で液に遠心力を与えることによって、液はケーシングを通過しながら十分に圧力を発生させることができるのです。

主軸を支えるために、軸受が必要になります。また、主軸はケーシングを貫通しているので、その間を液ができるだけ漏れないようにするために軸封を設けています。軸封はシールとも呼ばれています。

その他の構成部品として、断面図に示すように、ライナリング、インペラリング、ケーシングガスケットなどがあります。次項からは、ケーシング、羽根車、主軸、軸受、軸封などについて、それぞれ詳細に説明します。

説明に出てこない部品について、役割を表②にまとめて示します。

断面図に部品名を示していない部品としては、ボルト、止めビス、キー、シートパッキン、座金、スロットルブッシュ、ピンなどがあります。また、フラッシング配管、ドレン配管、ポンプ銘板、注意銘板、回転方向矢印などが実際には付いています。

構成部品の中で、購入者とポンプメーカは、「耐圧部品」や「回転体」という用語を使います。「耐圧部品」は圧力を保持する部品のことで、ケーシング、ケーシングカバー、メカニカルシールカバーおよびこれらに付属する配管が該当します。「回転体」は回転する部品のことで、主軸、羽根車、インペラナットおよびキーが該当します。

要点BOX
- ●主軸を支えるのが軸受
- ●液ができるだけ漏れないようにする軸封
- ●軸封はシールとも呼ばれている

①ポンプの断面図例

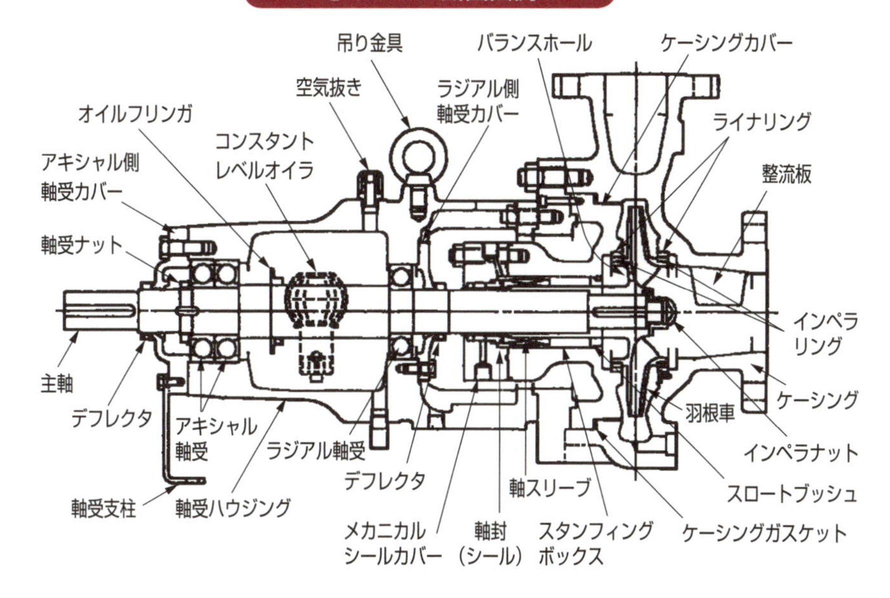

②構成部品と役割

部品名	役割
アキシャル側軸受カバー	軸受ハウジングの端のうち、スラスト軸受側に取り付けられるカバー。軸受用シールを格納し、潤滑油の漏れを最小限にしたり、外部からの異物の侵入を防ぐ。
インペラナット	羽根車を主軸に固定するためのナット。軸方向に羽根車が動くのを拘束する。
ケーシングカバー	ケーシングの開口部を覆うカバー。
軸受支柱	ポンプ全体の剛性を高めるための板。
軸受ナット	軸受を主軸に固定するためのナット。回り止めになる座金とともに使用する。
軸スリーブ	主軸の軸封部外周を覆う円筒。主軸の摩耗を回避する。
スタフィングボックス	ケーシングカバーの内周部に設けられた空間。軸封が配置される。
主軸	羽根車などの回転部品に駆動機から与えられるトルクを伝達する。
スロートブッシュ	ケーシングカバーの内周部に固定される。フラッシング液がスタフィングボックス内で少し留まるようにする。
整流板	ケーシングの吸込側にケーシングと一体で設けられる。羽根車入口直前のら旋流を軸方向の流れに変える。
吊り金具	軸受ハウジングの上部に取り付けられる。ポンプの分解および組立のときに使用する。
バランスホール	羽根車の主板に開けた穴。羽根車が発生する軸方向の推力を軽減する。
メカニカルシールカバー	メカニカルシールの固定環を格納し、フラッシング用穴などを設けている。
ラジアル側軸受カバー	軸受ハウジングの端のうち、ラジアル軸受側に取り付けられるカバー。軸受用シールを格納し、潤滑油の漏れを最小限にしたり、外部からの異物の侵入を防ぐ。

26 ケーシングのボリュート形状

形状によって軸径が変わる

ケーシングには吸込口および吐出し口があり、吸込口から液を取り込み、吐出し口から液を送り出す役割があります。ケーシング内に羽根車が配置されて、回転する羽根車によって遠心力を与えられた液を効率よく吐き出すために、ケーシングの通液路は特別な形状になります。

主な形状としては、シングルボリュート、ダブルボリュート、ディフューザの3種類あります。シングルボリュートは、羽根車の外周に通液路が「かたつむり」のような形状のボリュートが1個あります。ダブルボリュートは、羽根車の外周にボリュートが2個あり、180度対称の位置になっています。ディフューザは、羽根車の外周に通液路がたくさんあります。その数は「羽根車の翼数±1」にするのが一般的です。

単段ポンプで口径が小さい範囲はシングルボリュート、単段ポンプで口径が小さい範囲でも全揚程が高ければダブルボリュート、単段ポンプで口径が大きくなるとダブルボリュート、多段ポンプではディフューザを適用しています。

このように、ケーシングの通液路の形状はそれぞれ目的があって使い分けているのです。最大の理由は、羽根車の半径方向に作用するラジアルスラストの低減にあります。ラジアルスラストが大きいほど、ポンプの主軸のたわみが大きくなります。したがって、シングルボリュートで主軸径を大きくするか、ダブルボリュートにしてたわみを小さくして主軸径を小さくするかは、ポンプメーカの設計の方針によって決まります。一般には、全揚程が200m以上の単段ポンプ、および吸込口径が200㎜以上の単段ポンプにダブルボリュートを採用しています。

ラジアルスラストの他に、製造コストも考慮する必要があります。形状からわかると思いますが、シングルボリュート、ダブルボリュート、ディフューザの順に高コストになります。

要点BOX

- ●ケーシング内には羽根車が配置されている
- ●ケーシングの通液路の形状はそれぞれ目的があり、使い分けている

①ポンプの断面図例

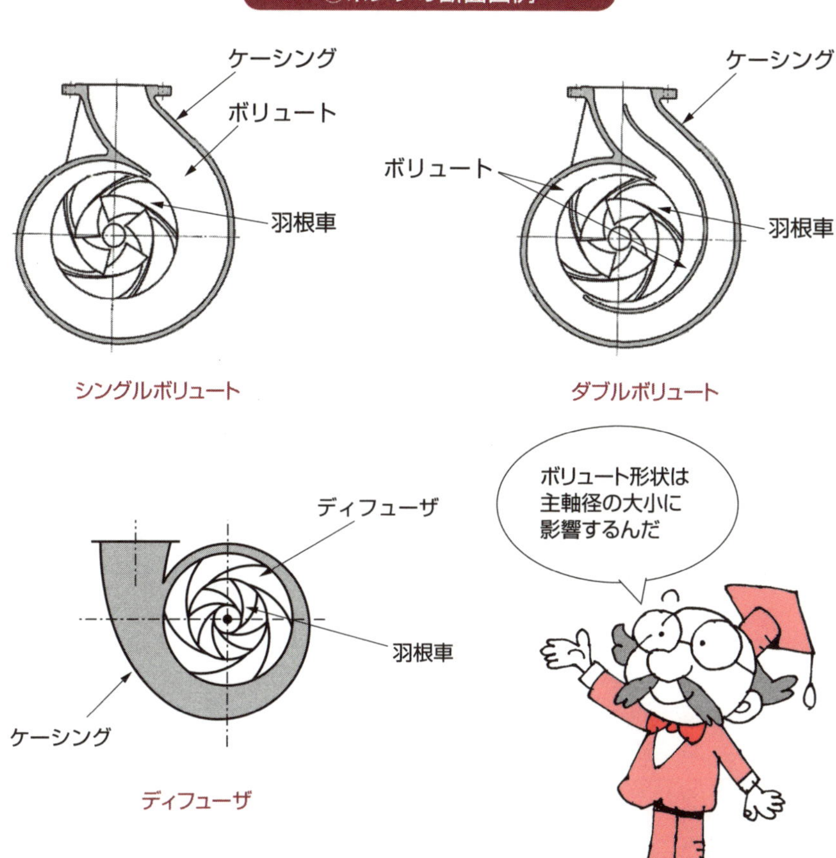

②ケーシングの構造と特徴

形式	構造	特徴
シングルボリュート	1つの通液路	広範囲の運転点で効率が良い。
ダブルボリュート	2つの通液路	広範囲の運転点で効率が良いが、シングルボリュートよりは劣る。
ディフューザ	たくさんの通液路	ディフューザの外側にボリュートがある。効率が良い範囲は狭い。

27 ケーシングによるラジアルスラスト

ボリュートによって変わるスラスト

ここでは、ケーシングのボリュート形状によって羽根車に作用するラジアルスラストの計算方法について説明します。

ラジアルスラストは、図①に示す計算式で計算することができます。ラジアルスラスト*F*は、液の密度ρ、全揚程*H*、羽根車直径D_2、羽根車出口の全幅*B*に比例します。つまり、全揚程および吐出し量が大きくなればなるほど、ラジアルスラスト*F*が大きくなります。また、ラジアルスラスト*F*は、スラスト係数*K*にも比例します。

それでは、スラスト係数*K*はどうなるのでしょうか。表にケーシングがシングルボリュートの場合のスラスト係数*K*を示します。同図にあるように、スラスト係数*K*は2種類提唱されています。ステパノフによるスラスト係数*K*（s）およびH－S（米国Hydraulic Institute Standards）による係数*K*（H－S）です。どちらもポンプの運転点によって変わるのですが、最高効率点の吐出し量ＱＢＥＰのとき0になり、吐出し量が小さくなるに従って大きくなります。そして、吐出し量が0で最大になります。

次に、ダブルボリュートのときのラジアルスラストです。ダブルボリュートはボリュートを２つにして１８０度対称にし、両者のボリュートでラジアルスラストをつり合わせて、ラジアルスラストを０にすることをねらっています。しかし、実際には2個のボリュートの後流部が対称でないことと、製造した鋳物のズレおよび加工の時の心ズレとから、完全につり合わせることができず、ダブルボリュートのラジアルスラストは、シングルボリュートの25％ほどになります。

ディフューザは、ダブルボリュートよりもボリュート数を増やしているので、ラジアルスラストをかなりつり合わせることができます。しかし、完全につり合わせることができないのはダブルボリュートと同じで、シングルボリュートの5％と推定されています。

要点BOX
- 全揚程および吐出し量が大きくなればラジアルスラストも大きくなる
- スラスト係数は2種類提唱されている

①シングルボリュートのラジアルスラストの計算式

ラジアルスラストF

$F=K \cdot \rho \cdot H \cdot D_2 \cdot B$

ここに、

K:スラスト係数

ρ:液の密度

H:全揚程

D_2:羽根車直径

B:羽根車出口の全幅

②ラジアルスラストの変化

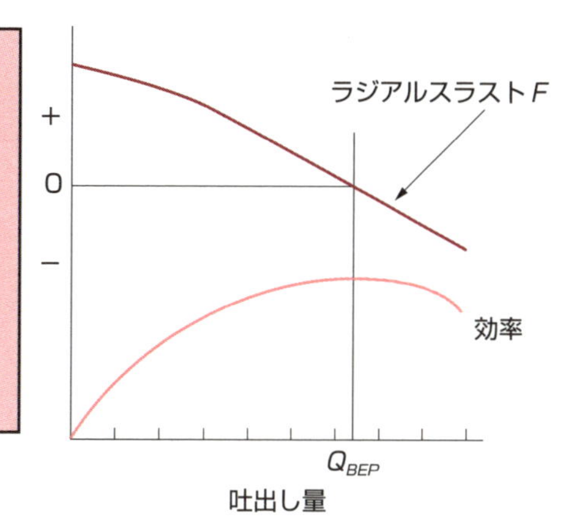

③スラスト係数

スラスト係数:K

(1)ステパノフによるK

$$K_{(S)}=0.36 \cdot \{1-(Q_{rated}/Q_{BEP})^2\}$$

(2)HIS(米国水力協会の規定)によるK

$$K_{(HIS)}=K_{SO(HIS)} \cdot \{1-(Q_{rated}/Q_{BEP})^2\}$$

Q_{rated}：計算する点の吐出し量

Q_{BEP}：最高効率点の吐出し量

N_s	$K_{SO(HIS)}$
140	0.260
200	0.300
280	0.342
400	0.373

28 ケーシングガスケット

目立たないが重要な部品

ポンプは圧力容器の1つです。そして、ポンプのケーシングは鋳造、加工、組立などの制約があって、ケーシングカバーなどと組み合わせた構造になります。そのため、その合せ面を密封して液が漏れないようにします。そこで、ケーシングガスケットが必須になります。

ケーシングガスケットとして主に使用されているものを「JIS B 8265 圧力容器の構造」から抜粋して、表に示します。もっとも一般的なガスケットはOリングです。表では「セルフシールガスケット」に該当します。また、「ジョイントシート」もよく使われています。高温や低温、高圧などのポンプでは「渦巻形金属ガスケット」が使用されています。

表に「ガスケット係数 m」および「最小設計締付圧力 y」があり、ガスケットの材料や厚さによって、これらの値が異なっています。どちらの値も、ガスケットを組み込み、ポンプの運転中に漏れなどが発生しないようにするために、設計上必要になります。そして、どちらの値も小さいほどケーシングカバーの厚さを薄くできたり、ボルトの本数を少なくしたりできます。詳しくいうと「ガスケット係数 m」はガスケットを組み込むときの強度、「最小設計締付圧力 y」はポンプの運転中の密封に関係する値です。

ここで、「セルフシールガスケット」を見ると、「ガスケット係数 m」も「最小設計締付圧力 y」も0です。「セルフシール」と呼ばれる所以がここにあるのです。他のガスケットと比較して、ボルトで強固に締め付ける必要がないので、ケーシングカバーなどもさほど強固に設計する必要はありません。

一方、値の大きい「渦巻形金属ガスケット」や「平形金属ガスケット」は、ケーシングカバーを強固に設計し、ボルトも太く本数を多くする必要があります。ガスケットの選定に当たっては、価格が安く液性、温度、圧力などに耐えるものにします。

要点BOX

- ●ケーシングガスケットが必須
- ●もっとも一般的なガスケットはOリング
- ●「最小設計締付圧力 y」は密封に関係する値

ガスケット係数および最小設計締付圧力

ガスケットの材料		ガスケット係数（m）	最小設計締付圧力 y（N/mm^2）	ガスケットの形状
セルフシールガスケット（Oリング、金属、ゴム、その他セルフシーリングとみなされるもの）		0	0	—
布または多くの繊維を含まないゴムシート	スプリング硬さ（JIS A）75未満	0.50	0	
	スプリング硬さ（JIS A）75以上	1.00	1.4	
ジョイントシート	厚さ3.0mm	2.00	11.0	
	厚さ1.5mm	2.75	25.5	
	厚さ0.8mm	3.50	44.8	
渦巻形金属ガスケット	炭素鋼	2.50	68.9	
	ステンレス鋼またはモネル	3.00	68.9	
平形金属ガスケット	軟質アルミニウム	4.00	60.7	
	軟質の銅または黄銅	4.75	89.6	
	軟鋼または鉄	5.50	124.1	
	モネルまたは4～6%Cr鋼	6.00	150.3	
	ステンレス鋼およびニッケル合金	6.50	179.3	

（JIS B 8265「圧力容器の構造」から抜粋）

mもyも大きいほど
強固な設計をするよ

29 羽根車の形式

取扱液によって決まる形式

「羽根車」は主軸に固定されて、主軸と一緒に回転します。そして、その回転によってポンプ取扱液にエネルギーを与えるのです。羽根車の構造は、取扱液の特性によって変わります。清浄な液のときは図①に示す「クローズド形羽根車」、砂や固形物などの摩耗成分を含んだスラリー液のときは「セミオープン形羽根車」または「オープン羽根車」、ビニール紐や布きれなどポンプに詰まりを起こすような異物が混入しているときには「無閉塞形羽根車」にします。

なぜ、そのように使い分けが必要なのでしょうか。図②のクローズド形羽根車とライナリングの半径隙間は、環流量をできるだけ少なくして効率の低下を最小限にします。スラリーなど摩耗成分を含んだ液だとすれば、短時間のうちに半径隙間部は摩耗して、異常な効率低下をまねくのです。また、ビニール紐や布きれなど閉塞を起こすような異物が混入している液の場合には、半径隙間部に異物が詰まって羽根車の回転を妨げてしまう危険があります。したがって、クローズド形羽根車は、スラリーや異物が混入しない清浄な液のときに使用されるのです。

図③のスラリーポンプの羽根車はセミオープン形で、主板は付いていますが、側板はありません。また、クローズド形羽根車にある羽根車とライナリングの半径隙間部はありません。このような形状にして、摩耗によるいちじるしい性能低下を避けているのです。

ビニール紐や布きれなど閉塞を起こすような異物が混入してくる場合に適用するポンプの1つに、「ボルテックスポンプ」と呼ばれるものがあります。図④の無閉塞形羽根車を使って、最下端から異物が混入している取扱液を吸い込み、ケーシング内に導きます。そして羽根車の回転によってケーシング内に円周方向の渦流を形成して、羽根車に異物が到達する前に、吐出し口から吐き出します。

要点BOX
- ●羽根車は主軸と一緒に回転する
- ●取扱液の特性によって構造が変わる
- ●使い分けが必要な理由

①羽根車の構造

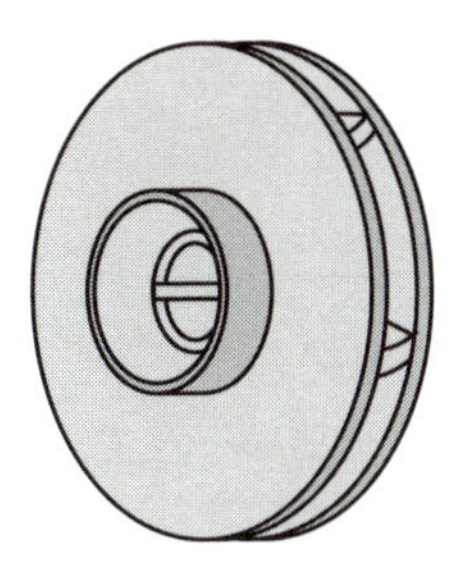

クローズド形羽根車

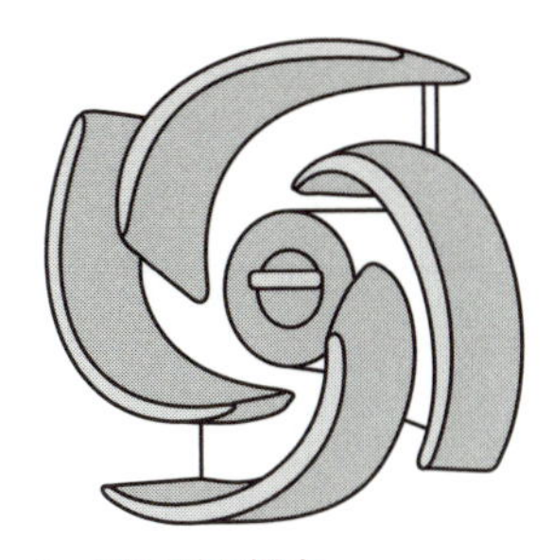

オープン形羽根車

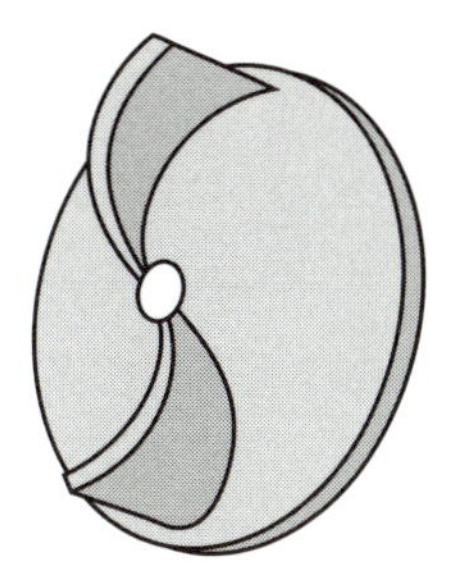

無閉塞形羽根車

②クローズド形羽根車の隙間流れ

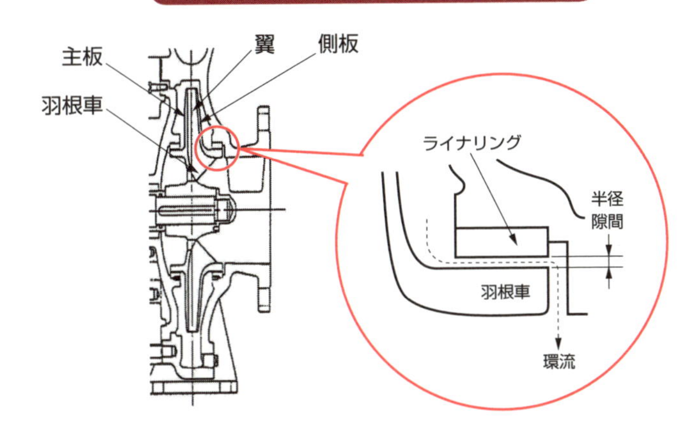

③スラリーポンプ

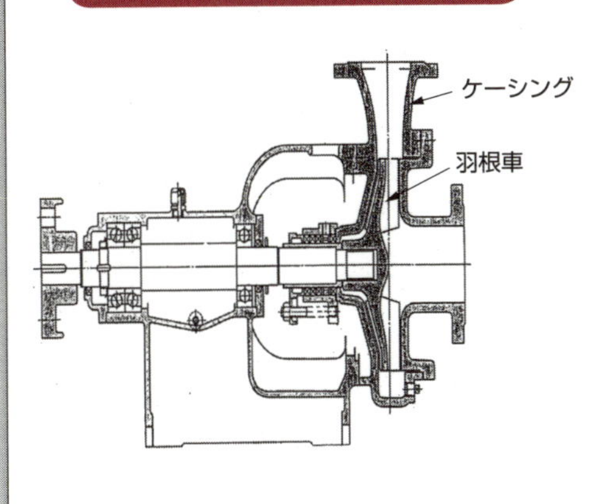

④ボルテックスポンプ

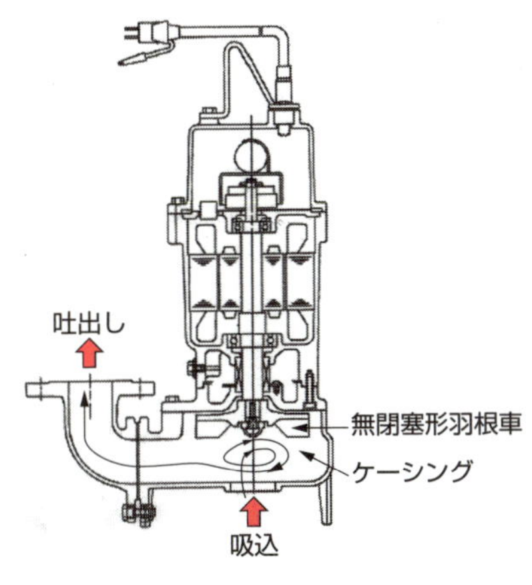

30 羽根車のアキシャルスラスト

バランスホールでスラストを軽減する

ポンプの運転中には、羽根車に半径方向に作用する「ラジアルスラスト」の他に、軸方向に作用する「アキシャルスラスト」があります。ラジアルスラストはケーシングの構造で低減できます。アキシャルスラストは羽根車自体の構造で低減できます。

羽根車自体の構造でアキシャルスラストを低減する方法として、バランスホール、片ライナ、裏羽根によるものなどがあります。多段ポンプに限ってですが、片ライナの羽根車を背面合わせ配列にする方法があります。

ここでは、バランスホールを使ったアキシャルスラストの低減方法について説明します。図①において、吸込圧力が0とし、各諸元は次のようにします。

D_1：羽根車直径
D_2：側板側ライナ直径
D_4：主板側ライナ直径
D_5：軸スリーブ直径
F_1：側板側アキシャルスラスト（D_1−D_2間）
F_4：主板側アキシャルスラスト（D_1−D_4間）
F_5：主板側アキシャルスラスト（D_4−D_5間）

バランスホールは、図①に示すように、羽根車の主板のボス外側に一般には翼枚数と同じ数だけある穴のことをいいます。$D_2=D_4$と設計すると、$F_1=F_4$となり、アキシャルスラストはF_5だけになります。ここで羽根車を出て、吸込側に還流する流れを考えてみます。図②のように羽根車を出た昇圧された液は、主板側および側板側のライナ部を通過して、「流れⅠ」に示すように吸込側へ環流します。

アキシャルスラストF_5を最小にするためには、ライナ部の半径隙間の断面積ＡＬＹとバランスホール総数の断面積ＡＢＨの関係を、

$$ABH \geqq 5xALY$$

にする必要があります。また、吸込圧力が高くなると片ライナの羽根車にします。

要点BOX
- ●羽根車に半径方向に作用するラジアルスラスト
- ●軸方向に作用するアキシャルスラスト
- ●吸込圧力が高ければ片ライナの羽根車にする

①バランスホール付き羽根車

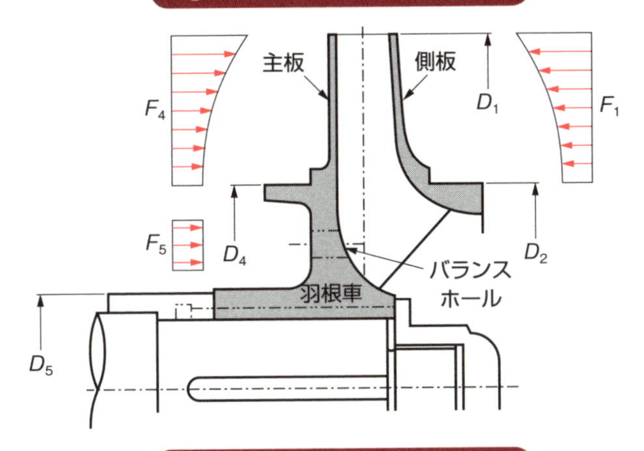

②主板側および側板側の環流

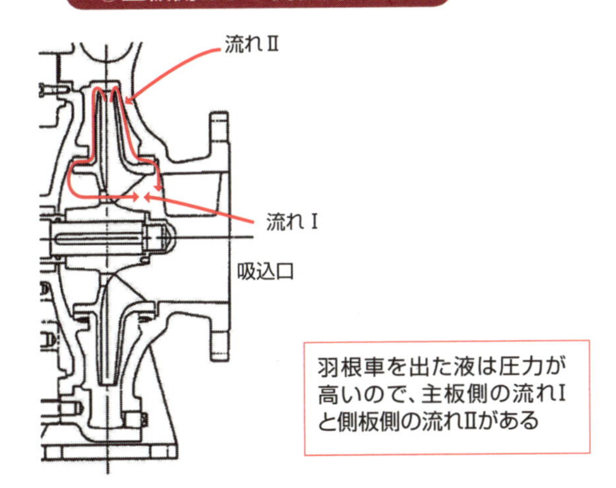

羽根車を出た液は圧力が高いので、主板側の流れⅠと側板側の流れⅡがある

③背面合わせ配列の羽根車

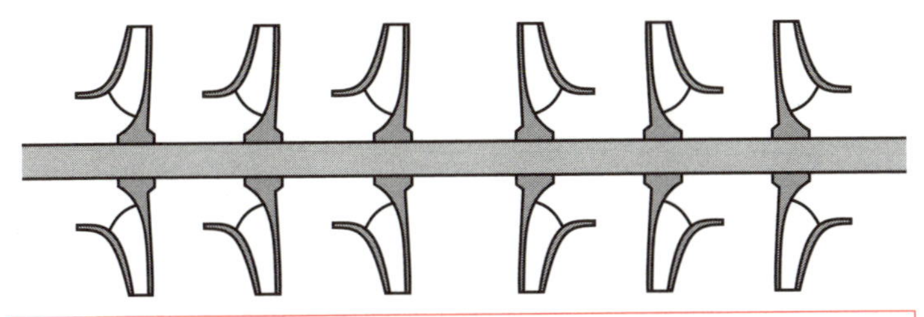

図のように6段の多段ポンプの場合、羽根車を3個ずつ背面になるように配置すると、アキシャルスラストを低減できる

31 ライナリングとインペラリング

ケーシングと羽根車の犠牲になるリング

「ライナリング」はケーシングに取り付けられているリングで、「インペラリング」は羽根車に取り付けられているリングです。そして、ライナリングの内周とインペラリングの外周とで狭い隙間を形成し、還流量を少なくして効率低下を抑えています。隙間を流れる液の流速が高いので、両者は摩耗することがあります。

仮に、両方のリングが付いていなくて、ケーシングと羽根車とで狭いすき間を形成していたとすると、摩耗した場合にはケーシングや羽根車そのものを交換する必要があります。そうなればコスト高になるために、ライナリングとインペラリングをそれぞれ取り付けて、摩耗する部品はケーシングや羽根車ではなく、ライナリングとインペラリングに代用させて、コストを抑えているのです。ただし、汎用ポンプでは両方のリングが付いていないことが多く、産業用ポンプではライナリングだけが付いていることが多くあります。

さて、ライナリングとインペラリングのクリアランスは、どの程度なのでしょうか。また、どのぐらい大きくなったら交換が必要になるのでしょうか。

参考として、表②にＡＰＩ　６１０で規定しているクリアランス、および表③にかじり難い材料のときのクリアランスを示します。これらのクリアランスは新品のときの値で、ＤＬＹは隙間部の直径です。交換の目安は、ポンプメーカから推奨値が提出されると思いますが、一般には、「ポンプの性能に支障のない限り、設計値の最大の2倍」が交換の目安になっています。

ところで、ライナリングとインペラリングのクリアランスについて、十数年前にＩＳＯ規格は、運転に支障がなく、かつ始動前に回転体を手回しできればいくらでもよいことに変更されました。そして、ＪＩＳ規格も同じように変更になっています。

要点BOX
●ケーシングに取り付けられているライナリング
●インペラリングは羽根車に取り付けられている
●クリアランスの目安

①ライナリングとインペラリング

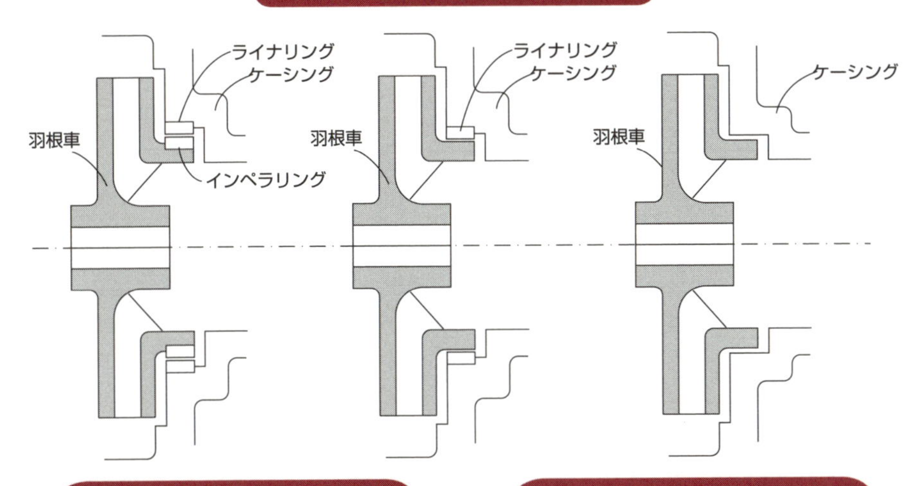

②ライナリングとインペラリングのクリアランス―API

直径 DLY（mm）					直径クリアランス（mm）
		DLY	＜	50	0.25
50	≦	DLY	＜	65	0.28
65	≦	DLY	＜	80	0.30
80	≦	DLY	＜	90	0.33
90	≦	DLY	＜	100	0.35
100	≦	DLY	＜	115	0.38
115	≦	DLY	＜	125	0.40
125	≦	DLY	＜	150	0.43
150	≦	DLY	＜	175	0.45
175	≦	DLY	＜	200	0.48
200	≦	DLY	＜	225	0.50
225	≦	DLY	＜	250	0.53
250	≦	DLY	＜	275	0.55

③ライナリングとインペラリングのクリアランス―かじり難い材料

直径 DLY（mm）					直径クリアランス（mm）
		DLY	＜	50	0.18
50	≦	DLY	＜	65	0.19
65	≦	DLY	＜	80	0.20
80	≦	DLY	＜	90	0.21
90	≦	DLY	＜	100	0.22
100	≦	DLY	＜	115	0.23
115	≦	DLY	＜	125	0.24
125	≦	DLY	＜	150	0.27
150	≦	DLY	＜	175	0.31
175	≦	DLY	＜	200	0.34
200	≦	DLY	＜	225	0.38
225	≦	DLY	＜	250	0.42
250	≦	DLY	＜	275	0.48

32 グランドパッキン

扱いは簡単だが危険な液には不可

軸封にはグランドパッキン、メカニカルシールなどがあります。ここでは、グランドパッキンについて説明します。

「グランドパッキン」は、グランドパッキンと主軸の冷却および潤滑のために、フラッシング液を漏らしながら使用されます。その量は「糸を引くように」が理想とされています。グランドパッキンの近くには通常軸受ハウジングがあるので、滴下穴を設けて漏れた液が軸受ハウジング内に浸入するのを防止します。また、図①に「矢視〝A〟」を示していますが、滴下穴だけでは液が溢れ出る恐れがあるために、パッキン押えに突起を設けて、漏れた液を軸受ブラケット内に落ちるようにすることもあります。さらに、軸受ブラケットに集まった液体を、ドレン溝などへ流すための配管をすることがあります。

グランドパッキンを使用するときには、スタフィングボックス内の圧力およびポンプの取扱液の汚れ具合によって、グランドパッキンの構成を考慮する必要があります。スタフィングボックスは、グランドパッキンを入れる部屋のことです。

グランドパッキンの構成は、主に図②に示すように3種類があります。スタフィングボックス内の圧力およびポンプの取扱液の汚れ具合により表③のように選定します。外部フラッシングは、ポンプの取扱液に混入しても問題のないような、清浄な液をポンプの外部からスタフィングボックスに流すことをいい、その圧力はスタフィングボックス内の圧力よりも高くします。選定を誤ると、トラブルの元になります。

グランドパッキンとメカニカルシールの最大の違いは、液の漏れ量にあります。グランドパッキンは、グランドパッキンと主軸の冷却および潤滑のために、メカニカルシールよりはるかに多量の液を漏らしながら使用されています。したがって、漏れると危険な液の場合には、グランドパッキンは使用してはいけません。

要点BOX

●スタフィングボックスは、グランドパッキンを入れる部屋のこと
●選定を誤るとトラブルの元になる

①グランドパッキンとパッキン押え

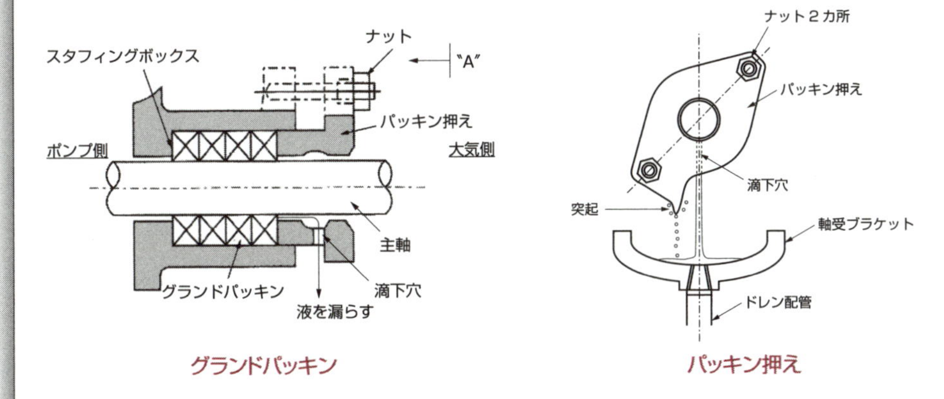

②グランドパッキンの構成

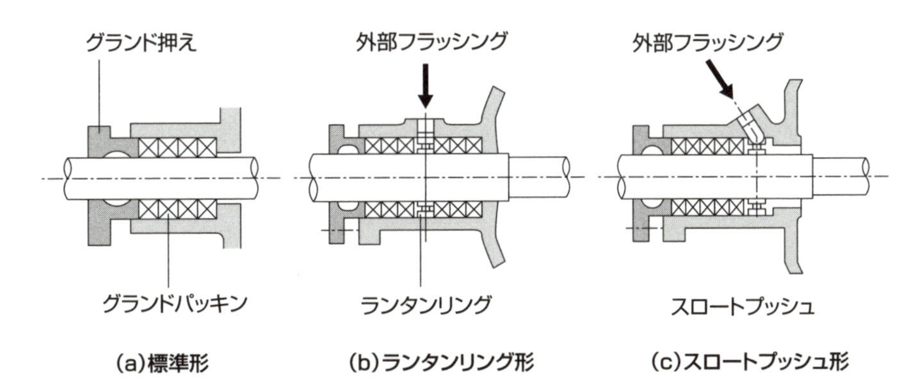

③グランドパッキンの選定基準

型式	スタフィングボックス内の圧力	取扱液の汚れ具合	外部フラッシング
標準形	大気圧力を超える	清浄	不要
ランタンリング形	大気圧力以下	清浄	必要
スロートブッシュ形	いずれの圧力でも可	汚い	必要

33 メカニカルシール

それでも極少量は漏れる

「メカニカルシール」もグランドパッキンと同様に、回転環と固定環との摺動部を冷却および潤滑するために、フラッシング液が必要になります。そして、メカニカルシールが格納されているスタフィングボックス内の圧力は、大気圧力および液の飽和蒸気圧力よりも高い状態を保持します。

メカニカルシールは、メカニカルシールの国際的設計規格ISO 21049およびＡＰＩ　６８２に、許容漏れ量は５・６　ｇ／ｈと規定されています。漏れ量が０だとすれば、回転環と固定環の摺動面が潤滑媒体のない固体潤滑して、摺動面が激しく摩耗するので、機械部品として使用できません。２年とか３年の寿命を与えるために、摺動面は液による流体潤滑になるように設計しています。

また、メカニカルシールは摺動面に高い圧力の液が存在していても、軸方向すき間を数μｍに保って許容量以下の漏れ量になるように設計されています。つまり、メカニカルシールは漏れるのですが、グランドパッキンとは異なり、漏れ量は極少量で済むのです。

メカニカルシールの形式には、主に図②に示すように３種類あります。メカニカルシールの選定は、購入者の指定があればそれに従います。購入者の指定がなければ、ポンプメーカは仕様を満足する一番安いメカニカルシールを選定します。

メカニカルシールの選定基準は、メカニカルシールメーカで異なっているので注意する必要があります。しかしながら、一般的な目安は次のようになります。

①シングル形：常温の水など、液が大気に漏れても危険がないとき。

②タンデム形：液化ガスなど、液が大気に漏れるとかなり危険があるとき。

③ダブル形：有毒性のある液、液化ガスなど、液が大気に漏れると重大な危険があるとき。

タンデム形とダブル形には付属品が多く付きます。

要点BOX

- 許容漏れ量は5.6 g/hと規定されている
- 漏れ量は極少量で済む
- タンデム形とダブル形には付属品が多い

①メカニカルシール及び関係部品の名称

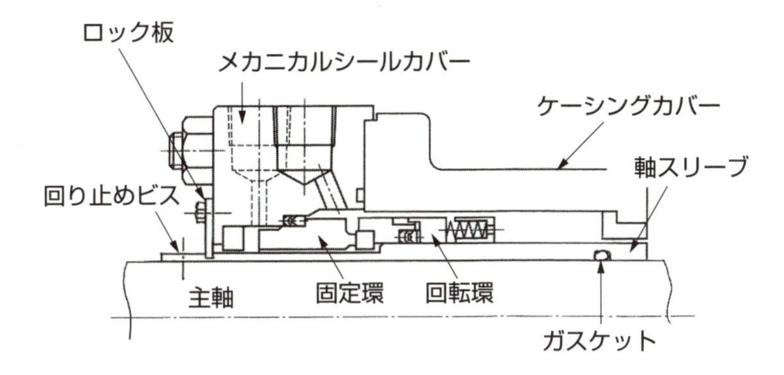

②メカニカルシールの形式

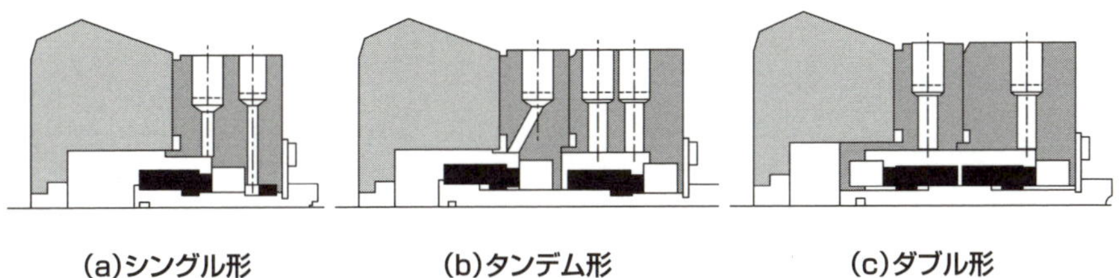

(a)シングル形　(b)タンデム形　(c)ダブル形

③グランドパッキンとメカニカルシールの比較

	グランドパッキン	メカニカルシール
漏れ量	多い	少ない
寿命	短い	長い
軸スリーブの摩耗	多い	ほとんどない
メンテナンス	定期的に必要	ほとんど不要
最高使用圧力	低い	高い
最高使用温度	低い	高い
構造	簡単	複雑
価格	安価	高価

34 軸受ハウジングと付属部品

動的荷重も支えるポンプの屋台骨

「軸受ハウジング」は、羽根車などの回転体の静的荷重と振動による動的荷重、羽根車に作用するラジアルスラストとアキシャルスラストなどを支える役割をします。そして、ラジアル軸受とアキシャル軸受を格納し、ケーシングなどに固定されています。

軸受は潤滑が必要になり、潤滑のためにオイルバスにする場合には、潤滑油が大気側に漏れないように、主軸との貫通部にデフラクタやオイルシールを設けています。また、オイルバスの場合には、適正な油面を外部から目視で確認する必要があるために、油面計が取り付けられています。よく使用される油面計は、図②に示すような、俗に「Bull's-eye」といわれるもので、外周はNBRなどのゴムのシールで覆われていて、中心に液面がわかるように赤色などの丸印が付いています。

次に、軸受ハウジングに付属する部品として、デフレクタ、オイルシール、コンスタントレベルオイラーおよび空気抜きについて説明します。

デフレクタは主軸に一体に取り付けられ、潤滑油の漏れを最小限にし、また外部からの異物の侵入を防ぎます。そして、図①の軸受カバーの内周面に、ラビリンスを付けて潤滑油の漏れを効果的に防いでいます。デフレクタの他に、油漏れを防止するものとして、図④に示すオイルシールがあります。デフレクタは非接触であるのに対し、オイルシールは油を介して接触しています。

コンスタントレベルオイラーは、軸受ハウジング内の潤滑油が外部に漏れたときに、常に漏れた量だけ潤滑油を自動的に補給します。コンスタントレベルオイラーは、図⑤のような形をしています。

空気抜きは、軸受ハウジング内の油および空気の温度が上昇することによって起こる圧力上昇、およびポンプを停止したときに起こる軸受ハウジング内の負圧を大気圧力に回復させる役割があります。

要点BOX
- 軸受は潤滑が必須
- デフレクタは非接触
- オイルシールは油を介して接触

①軸受ハウジングと付属品

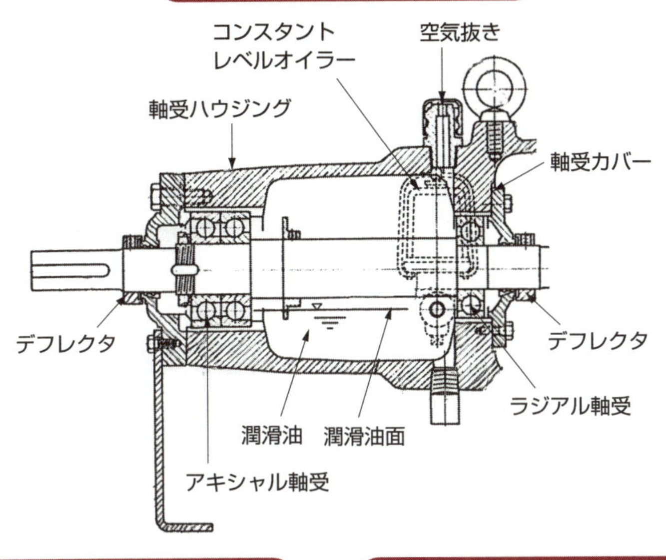

②油面計の例

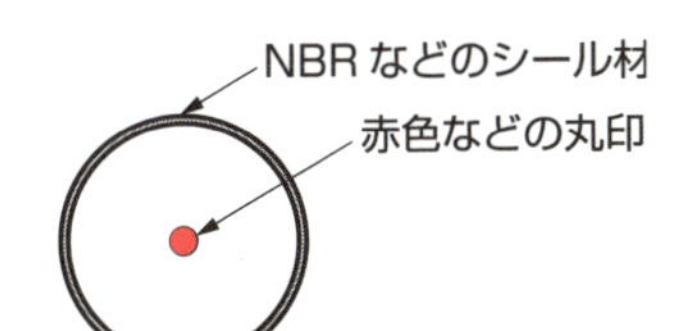

③デフクレタ部の詳細

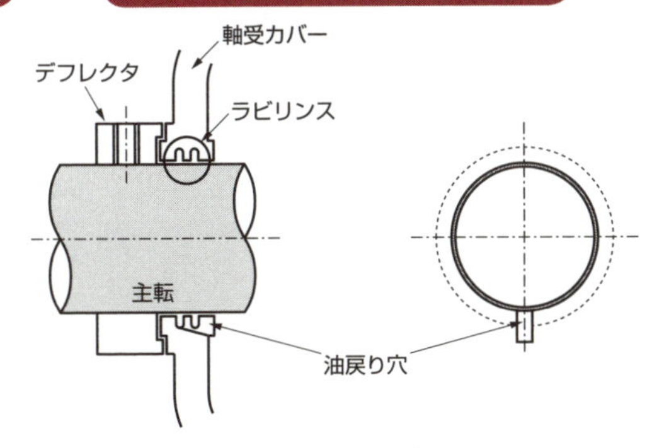

④オイルシール

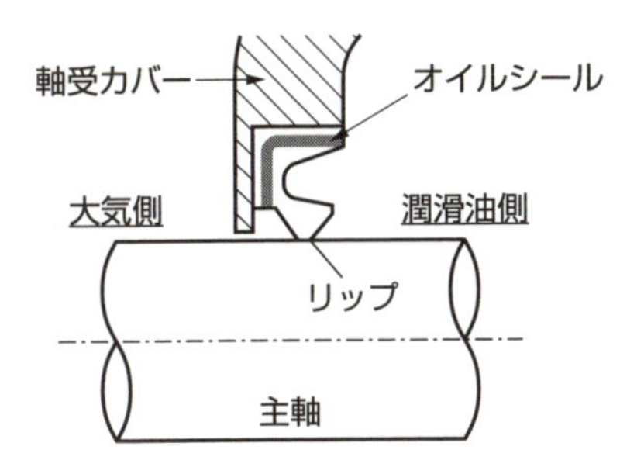

⑤コンスタントレベルオイラー

35 ラジアル軸受とアキシャル軸受

取付け方法で変わる支持荷重

軸受はポンプが発生する荷重を支えるために必要になり、主軸および軸受ハウジングに取り付けられています。ラジアルは主軸方向に対して直角、アキシャルは主軸方向のことをいいます。軸受の寿命計算において、ポンプが発生する荷重をラジアルとアキシャルに分ける必要があるために、2方向に分けています。

主に使用されている軸受と荷重の支持方向を左表に示します。深溝玉軸受は、外輪が軸方向に両側から押さえられていればラジアル荷重に加え、アキシャル荷重も支持できます。しかし、外輪の軸方向に隙間があって外輪が軸方向に自由に動くことができるようにしている場合は、ラジアル荷重だけ支持できます。

円筒ころ軸受は、外輪が軸方向に両側から押さえられているのですが、内輪と円筒ころが相互に軸方向に動くことができるので、アキシャル荷重は支持できず、支持できるのはラジアル荷重だけになります。

組合せアンギュラ玉軸受は、2つの単列アンギュラ軸受を組み合わせた軸受で、組合せ方法によって、背面組合せ、正面組合せおよび並列組合せに分かれます。

図①に示す軸受は、背面組合せの組合せアンギュラ玉軸受です。内輪は主軸に固定され、外輪は軸方向に動くことはできません。したがって、ラジアル荷重に加え、アキシャル荷重も支持できます。

その他の軸受として、すべり軸受があります。ホワイトメタルなどの材料で製作するすべり軸受は、鋳鉄などのじょうぶな台金で支えられています。すべり軸受と主軸は相互に軸方向に動くことができるので、アキシャル荷重は支持できず、支持できるのはラジアル荷重だけになります。

主軸のすべり軸受部表面には通常、硬質クロムメッキが施工されています。

要点BOX
- ●ラジアルは主軸方向に対して直角
- ●アキシャルは主軸方向のことをいう
- ●ホワイトメタルなどの材料を使うすべり軸受

①軸受の種類と荷重支持方向

形式	種類	ラジアル荷重	アキシャル荷重
転がり軸受	深溝玉軸受	○	○
	円筒ころ軸受	○	×
	組合せアンギュラ玉軸受-背面合せ	○	○
すべり軸受	スリーブ	○	×

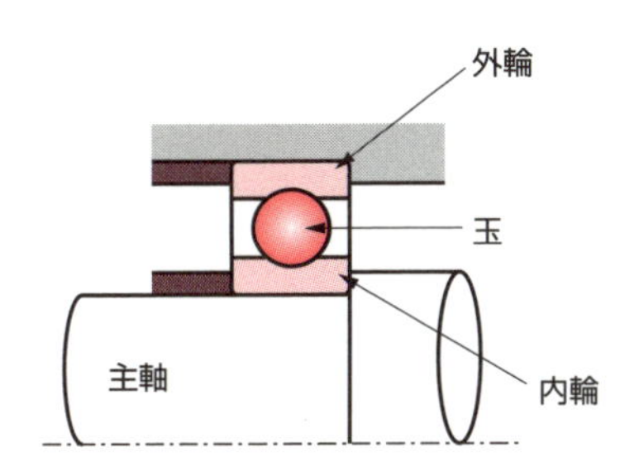

深溝玉軸受

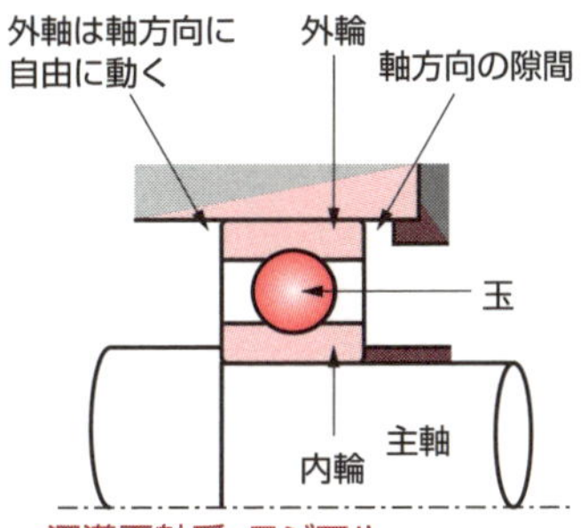

深溝玉軸受-ラジアル

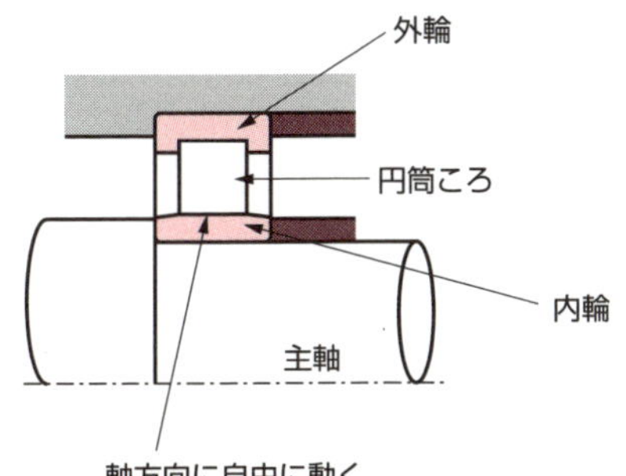
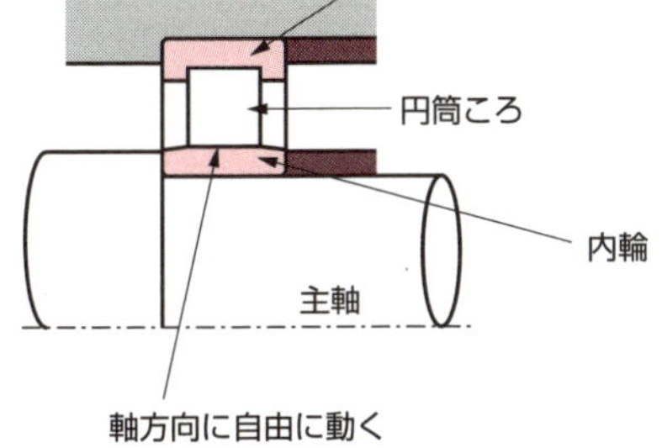

円筒ころ軸受

外輪
玉
主軸
内輪

組合せアンギュラ玉軸受-背面合せ

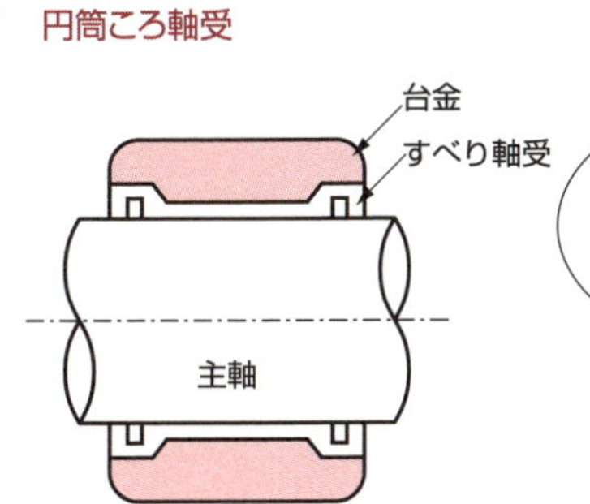

すべり軸受

深溝玉軸受は
外輪の押え方で働きが
違うんだ

36 軸受の潤滑方式

オイルミスト潤滑が増えてきた

軸受の潤滑方式には、表①に示すようにグリス密封、グリス、オイルバス、オイルミスト、強制給油などがあります。グリス密封の軸受は、軸受内部にグリスが密封されているので、外部からグリスもオイルも供給する必要がなく、扱いやすい軸受です。グリスで潤滑する軸受は、軸受ハウジング内にグリスを入れて潤滑します。

オイルバスの潤滑では、軸受の潤滑および冷却効果を高めるために、オイルフリンガやオイルリングを追加することがあります。潤滑油は2極駆動のポンプではISO VG32のタービン油、4極駆動ではISO VG 46のタービン油を使用します。ISO VG32のタービン油の方が少しサラサラしています。

「オイルバス＋オイルフリンガ」のときには、図②のように潤滑油面は玉軸受の中心または若干下にし、主軸に一体で取り付けられたオイルフリンガが潤滑油を掻き揚げて、軸受の潤滑および冷却効果を高めます。オイルフリンガが付かない潤滑はオイルバスになります。

「オイルバス＋オイルリング」の構造を図③に示します。潤滑油面は軸受の玉中心よりかなり下になっています。オイルリングは主軸の回転とともに、オイルフリンガと同様に、潤滑油を掻き揚げて軸受の潤滑および冷却効果を高めます。図④に示す「オイルミスト」による潤滑方式は、あまり見かけないかもしれません。潤滑油を霧状にして外部から軸受ハウジングのオイルミスト入口から導入し、各軸受を通過させて残りのオイルミストをオイルミスト出口から排出します。

オイルバスの場合、潤滑油面は玉軸受のほぼ中心にするので、外輪と玉による攪拌熱が大きくなります。オイルリングの場合は、潤滑油面は玉軸受の下にあって、軸受の回転による攪拌熱はそれほど発生しません。

要点BOX
- ●グリス密封の軸受は軸受内部にグリスが密封されているので扱いやすい
- ●ISO VG32のタービン油はサラサラしている

①軸受潤滑方式

①グリス密封
②グリス
③オイルバス
④オイルバス+オイルフリンガ
⑤オイルバス+オイルリング
⑥オイルミスト
⑦強制給油

②オイルバス+フリンガ

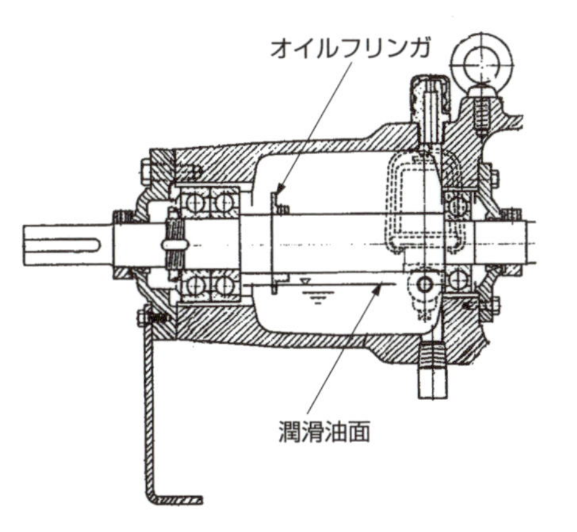

③オイルバス+オイルリング

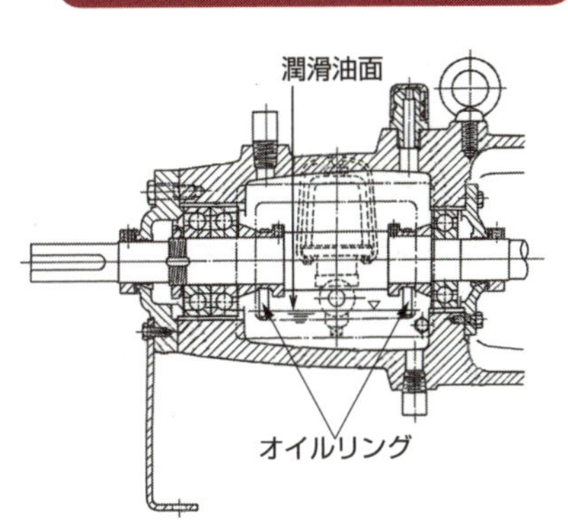

④オイルミスト

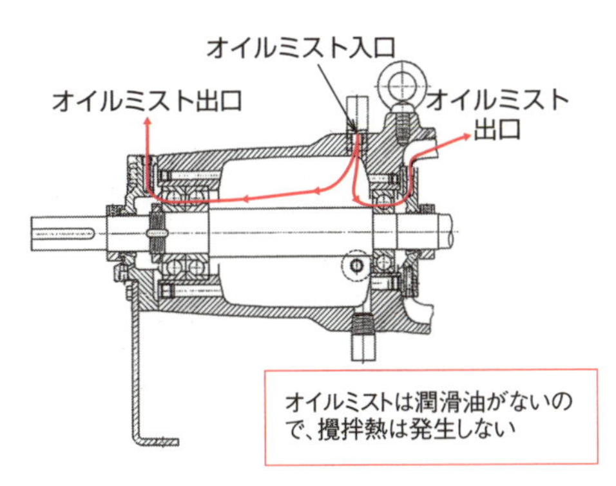

オイルミストは潤滑油がないので、攪拌熱は発生しない

37 単純だが貢献度は大きいオリフィス

流量を調整するために使われる

ポンプそのものを構成する部品ではないのですが、ポンプに使われるオリフィスとサイクロンセパレータについても説明しましょう。軸封のフラッシングに使うオリフィス、ミニマムフロー用オリフィス、ウォーミングオリフィスなど、ポンプの吐出し圧力と吸込圧力の差を利用して流量を調整するために、オリフィスがよく使われています。

オリフィスは、図①に示すような穴があいた単純な板です。オリフィスの前後の差圧および必要になる流量によって、1枚だけのオリフィスを使う単段および複数枚の多段があります。オリフィス前後の差圧は単位をmに換算し、150m程度までは単段にします。それを超えると多段になります。1段当たりの差圧を大きくすると、オリフィス後流直後に発生する液の急拡大による高周波の騒音が大きくなります。また、配管の内周面が浸食されることもあります。

オリフィスは図②③に示すように、鋼管の内側に溶接で取り付ける方法、フランジで挟んで取り付ける方法などがあります。材料は侵食に強い18Cr-8Niステンレス鋼を使うのが一般的です。

それでは、オリフィスの流量とオリフィス径をどのように決めるのでしょうか。流量係数Cは、図③に示すオリフィス径dとオリフィス前流の鋼管の内径Dの比によって決まりますが、実際は計算ではなく実験によって求めると正確になります。流量係数Cの参考値を図⑤に示します。

流量係数Cは、オリフィス径dを大きくしていって鋼管の内径Dに近づけていくにつれて直径比は大きくなり$d/D=1$のとき、すなわちオリフィスがない状態で$C=1$、逆にオリフィス径dを小さくしていって0に近づいていくにつれて直径比は小さくなり直径比$d/D=0$のとき、オリフィス径$d=0$の場合$C=0$になります。その間は、数次曲線で変化します。

要点BOX

●オリフィスは穴があいた単純な板
●材料は侵食に強い18Cr-8Niステンレス鋼
●1枚だけのオリフィスと複数枚の多段がある

①オリフィス

ϕd：穴

②鋼管の内側に溶接で取り付ける方法

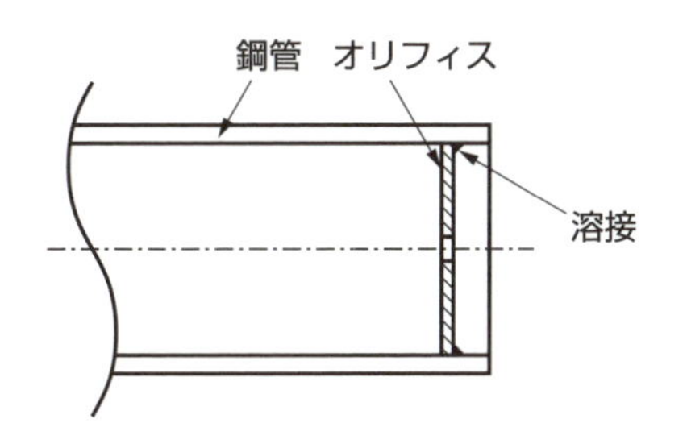

③フランジで挟んで取り付ける方法

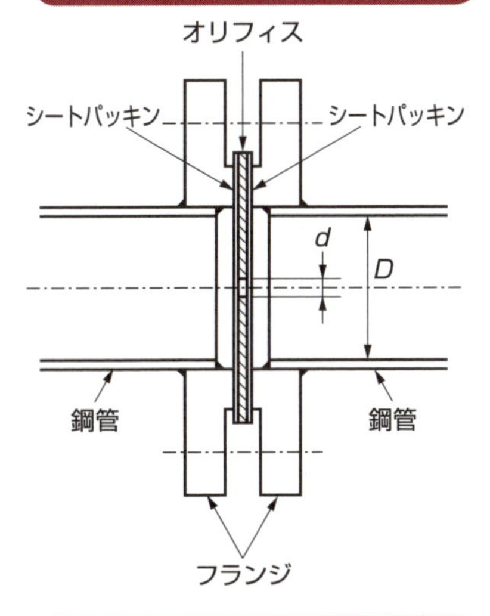

④オリフィスの流量

$$Q = C \cdot A \cdot \sqrt{2 \cdot g \cdot \Delta H / n}$$

Q:流量

C:流量係数

A:オリフィスの断面積(m^2)

$$A = \frac{\pi}{4} \cdot d^2$$

d:オリフィス径(m)

g:重力加速度(m/s^2)

ΔH:差圧(m)

n:オリフィス段数

$$d = \sqrt{\frac{4 \cdot Q}{\pi \cdot C \cdot \sqrt{2 \cdot g \cdot \Delta H / n}}}$$

⑤流量係数

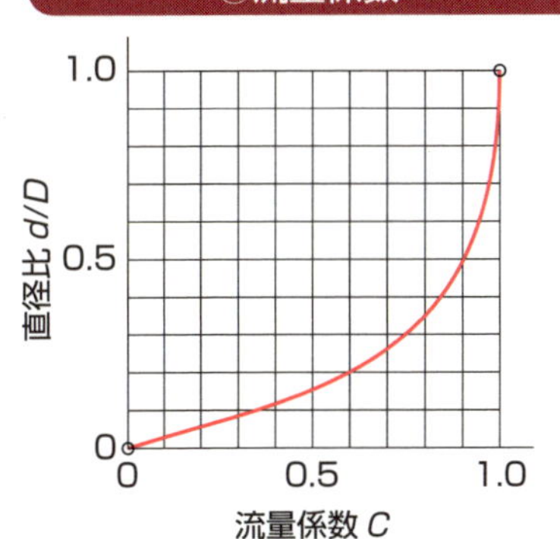

⑥フラッシング配管の例

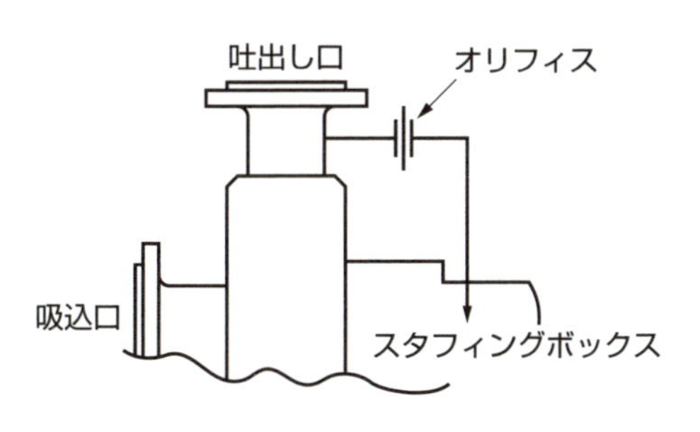

38 サイクロンセパレータ

スラリー液のピンチヒッター

砂や固形物などの摩耗成分を含んだスラリー液を扱う場合、摩耗に対して強いポンプを選定します。構造で対応する場合は、羽根車はセミオープン形またはオープン形にします。材料で対応する場合は、表面が硬い材料、または柔らかいゴムなどの材料を使います。ポンプの回転速度はできるだけ低くします。

スラリー液を扱うポンプでは、特に問題になるのは軸封です。軸封がグランドパッキンでもメカニカルシールでもスラリーを含んだ液がスタフィングボックス内に入り込まないようにします。具体的には、外部からポンプの取扱液に混じっても問題のない清浄な液で、スタフィングボックス内の圧力よりも高い圧力で外部フラッシングします。ポンプの停止中も外部フラッシングは必要になります。外部フラッシングには、供給ポンプや配管のほかに検知装置などが必要になり、大変高価になります。

そこで、代案として「サイクロンセパレータ」があります。研磨後の廃液に溜まった研磨粉の回収、食品の製造過程における原材料の分級、微粒子の分級・分離、排ガスから発生した汚染物質の除去などに使用されているのがサイクロンセパレータです。サイクロンセパレータは、流体中に浮遊する微粒子ごみの密度と流体自体の密度との差によって、両者に発生する遠心力の違いを利用して微粒子ごみを流体から分離します。これをポンプにも利用するのです。

ポンプに利用するサイクロンセパレータは、図①に示すように一般には円錐状です。スラリーが混入した液をポンプの吐出し側からサイクロンセパレータの円周方向に流し込みます。その中で旋流を起こし、発生した遠心力の差によって、スラリーはサイクロンセパレータの内壁に押し付けられながら落下し、ポンプの吸込側へ戻るようにします。そして、清浄になった液がサイクロンセパレータの上方から押し出されて、スタフィングボックスへ送られます。

要点BOX
- ●研磨後の廃液に溜まった研磨粉を回収
- ●食品の製造過程における原材料を分級
- ●排ガスから発生した汚染物質を除去

①サイクロンセパレータの形

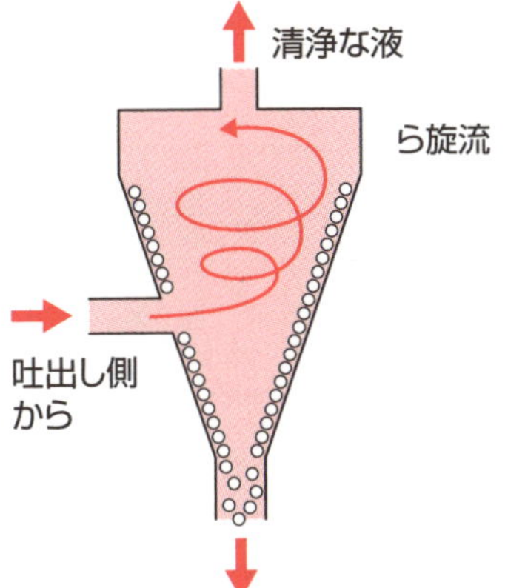

(a)断面図

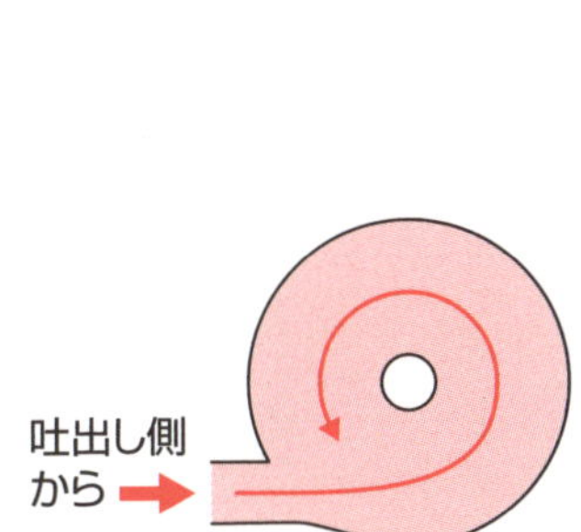

(b)平面図

②系統図

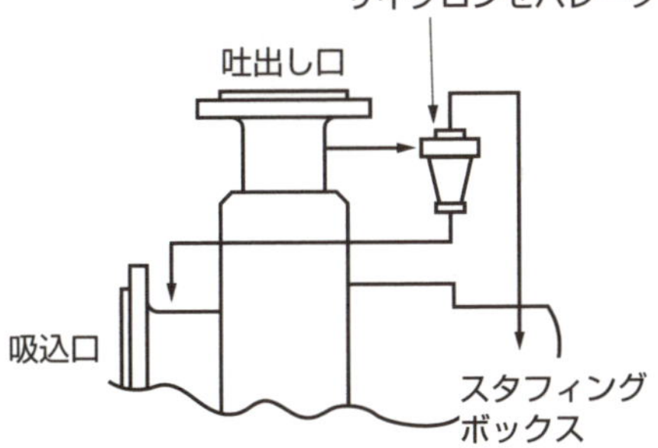

③サイクロンの応用

Column

技術の伝承はできるのか?

先日、長い間営業一筋でやってこられた人と話す機会がありました。その人は「技術は伝承できるが、営業は伝承できない。営業は顧客の瞬間の顔色を見て、瞬時に反応する必要がある。やっかいなことに、同一人物でも日によって思っていることが変わる」とのことでした。

つまり、日によって変わることにどう対応するかが課題で、このことがあるから若い人たちに営業力は伝承できないと、私は理解しました。

さて、技術はどうか。日によって比速度の定義は変わらないし、羽根車が突然不要になるわけでもありません。

技術の伝承はできると思い直しました。

第5章

ポンプの性能と選定

39 ポンプの性能曲線の見方

連続して性能がわかる曲線

ポンプの性能は、吐出し量を基に、それぞれの吐出し量に対する全揚程、効率、軸動力、NPSH3などの能力のことをいいます。性能を具体的に表すために、これらの数値に加え、性能を連続して読み取れるように「性能曲線」でも表示します。性能曲線は横軸に吐出し量を取り、立軸に全揚程、効率、軸動力、NPSH3などの数値を曲線で表示します。

性能曲線の例を図①に示します。図①では横軸に吐出し量（m³／min）をとり、左側に全揚程（m）、効率（%）、軸動力（kW）を書いていますが、目盛の大きさはそれぞれ異なるので、それぞれの目盛を使って書いています。

この例のポンプの定格点は、吐出し量が7m³／min、全揚程25・5mです。そこで、吐出し量が7m³／minの点から立方向に太い線を引いて、その線上で全揚程25・5mとの交点に○印を付けて、ここが定格点であることを示しています。また、軸動力の45kWの交点にも○印を付けています。この点はモータの定格出力が45kWであることを示しています。吐出し量7m³／minの効率は77%、NPSH3は3・6mになります。

性能曲線には、もう1つ図②に示す「等効率曲線」と呼んでいるものがあります。特定のポンプの全体の性能を知ることができます。横軸に吐出し量、立軸に全揚程、効率およびNPSH3が表示されています。

吐出し量と全揚程の関係は右下がりの曲線で示され、DIA.は羽根車の直径です。効率は「259 DIA.」の全揚程の上に、「20, 30, 40,45,・・・66, 67, 66, 65 ・・・60」と示されている数字です。これらの最大の数字が「67」になっているので、最大径「259 DIA.」のときの最高効率は67%、そのときの吐出し量は71m³／hになります。

要点BOX
- ●ポンプの性能は吐出し量が基本になる
- ●性能を連続して読み取れる「性能曲線」
- ●等効率曲線は特定のポンプの全体性能

①ポンプの性能曲線

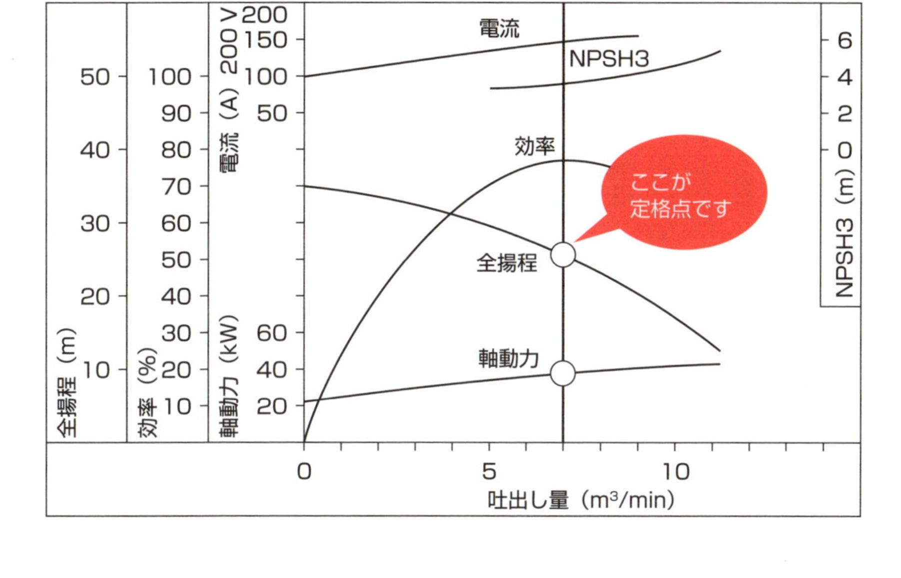

②ポンプの等効率曲線

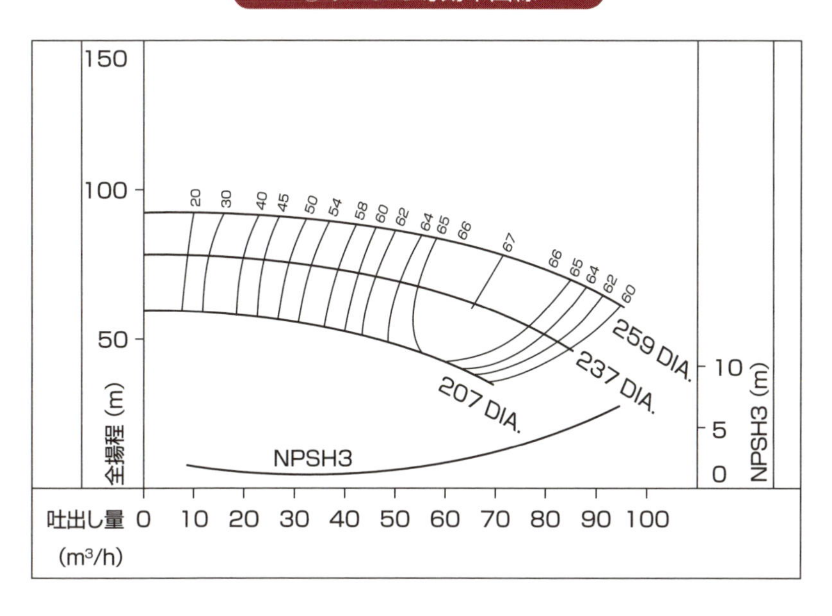

40 ポンプの性能特性

どうしてもそうなる特性

39項のようにポンプの性能には、吐出し量、全揚程、効率、回転速度、NPSH3などがありますが、ここでは、吐出し量に対して全揚程、効率、軸動力およびNPSH3がどのような特性をもっているかを説明します。

まず、全揚程の特性です。図①を見てください。Ns=200、500、900および1500の4種類の曲線がありますが、横軸は「吐出し量*Q*（%）」、立軸は「全揚程*H*（%）」と表示しています。一般には、吐出し量*Q*は㎥／hなど、全揚程*H*はmなどの単位になり%は使用しません。どのような吐出し量のポンプであっても、*Ns*によって全揚程の特性が想定できるようにするために、図①では、吐出し量Qも全揚程*H*も%で表示しています。図①において、吐出し量*Q*=100%は最高効率点の吐出し量を示し、全揚程*H*=100%は最高効率点の吐出し量における全揚程を示しています。

効率と軸動力（図②）、およびNPSH3（図③）も全揚程と同様に、吐出し量*Q*=100%は最高効率点の吐出し量を示し、最高効率点の吐出し量における効率、軸動力およびNPSH3をそれぞれ100%にしています。

ここで、理解しやすいように具体的に数値を使って説明します。今、吐出し量が2・2㎥／minで全揚程が60・9m、回転速度が2940min⁻¹の単段片吸込形羽根車のポンプが必要になったとします。吐出し量2・2㎥／minが最高効率点であるとすると、*Ns*=200になるので、吐出し量0%、60%、および140%の全揚程、効率および軸動力の比率は表④に示す値に読み取ることができます。ただし、ここでは最高効率点の効率を68・0%、液の密度を1000kg／c㎥としています。

これらの値をそれぞれの単位に計算した結果は表⑤で、性能曲線に表すと図⑥のようになります。

要点BOX
- 吐出し量、全揚程および回転速度がわかれば性能曲線を作れる
- 特別の設計をした場合は適用できない

①性能曲線の特性ー全揚程

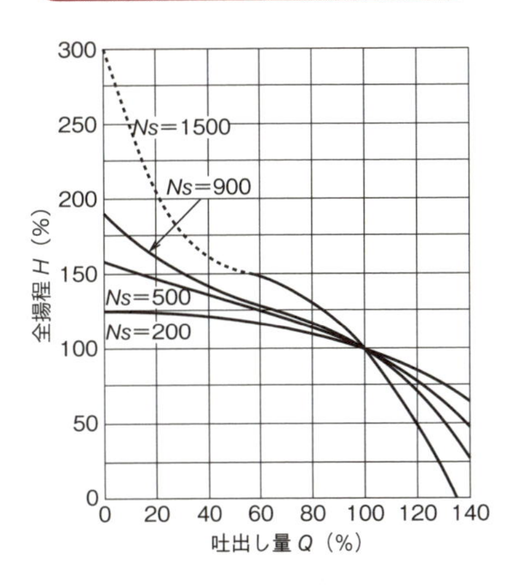

②性能曲線の特性ー効率と軸動力

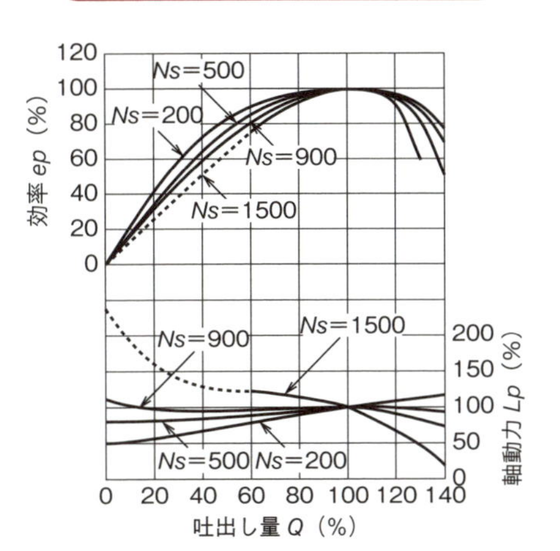

③性能曲線の特性ーNPSH3

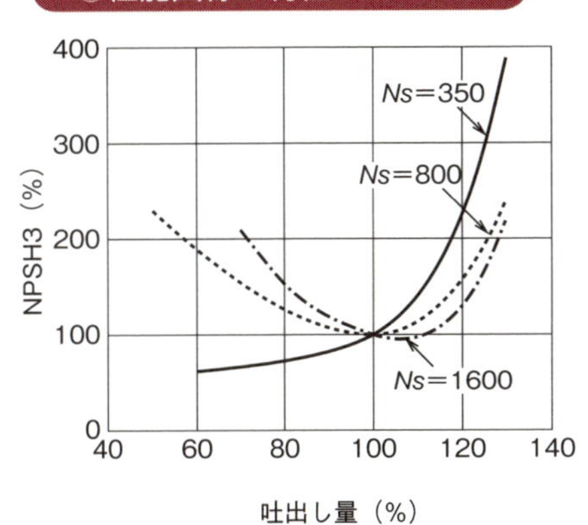

④性能曲線の特性の比率

吐出し量 (%)	全揚程 (%)	効率 (%)	軸動力 (%)
0	125	0	50
60	116	85	81
100	100	100	100
140	65	78	116

⑤性能曲線の特性の比率

吐出し量 (%)	吐出し量 (m³/min)	全揚程 (m)	効率 (%)	軸動力 (kW)
0	0.00	76.1	0.0	16.1
60	1.32	70.6	57.8	26.1
100	2.20	60.9	68.0	32.2
140	3.08	39.6	53.0	37.3

⑥性能曲線

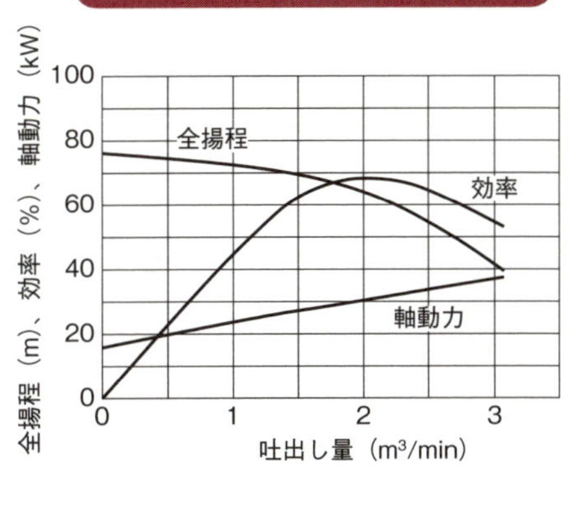

41 ポンプの予想効率

比速度によって変わる効率

　遠心ポンプの効率について規定している規格として、国内では次のＪＩＳ規格があります。
・JIS B 8313　小形渦巻ポンプ
・JIS B 8319　小形多段遠心ポンプ
・JIS B 8322　両吸込渦巻ポンプ
　JIS B 8313およびJIS B 8319の効率、およびJIS B 8322の効率を図①②にそれぞれ示します。図①②において、A効率は最高効率点の効率をいい、B効率は定格吐出し量の効率をいいます。つまり、B規格を適用したポンプの場合、最高効率点の吐出し量において、ポンプの効率はA効率以上にする必要があります。また、購入者と契約した吐出し量は、ポンプの最高効率点の吐出し量に一致することはまれで、一致していてもいなくても、購入者と契約した吐出し量における効率はB効率以上にする必要があるのです。
　一方、世界に目を向けると、「Energy Research & Consultants Corporation」が、使用されている世界中のポンプの効率を調査して発表しています。同社によると、ポンプの見積り時にどのぐらいの効率になるかをあらかじめ推定する必要があったために、調査してポンプの形式別に発表したのです。
　そして、さまざまある形式のポンプのうち、ＡＰＩ ６１０で規定しているクリアランスにしたポンプの効率として、筆者は図③に示す効率が適当であると考えています。そして、実際に開発や見積りなどに利用しています。
　図③では、横軸に最高効率点の比速度*Ns*、立軸に予想効率％を示しています。そして、最高効率点の吐出し量ごとに予想効率を求めることができるようになっています。
　図①と図③の効率を吐出し量１・９㎥／minの点で比較してみると、表④のようになります。

要点BOX
●JIS規格のポンプ効率
●「Energy Research & Consultants Corporation」の調査

①ポンプ効率−JIS B 8313及びJIS B 8319

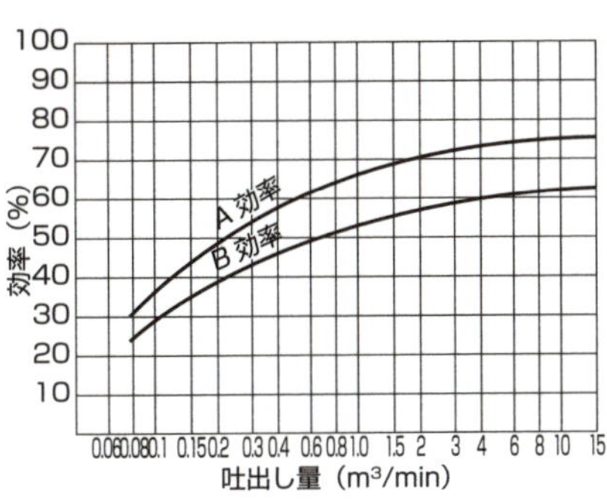

②ポンプ効率−JIS B 8322

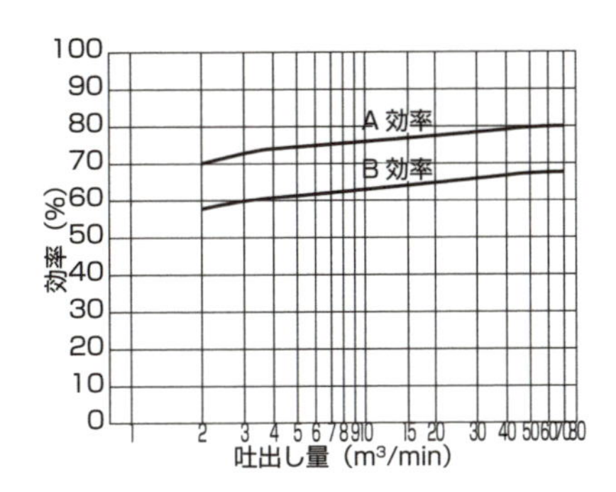

③ポンプの予想効率−「Energy Research & Consultants Corporation」

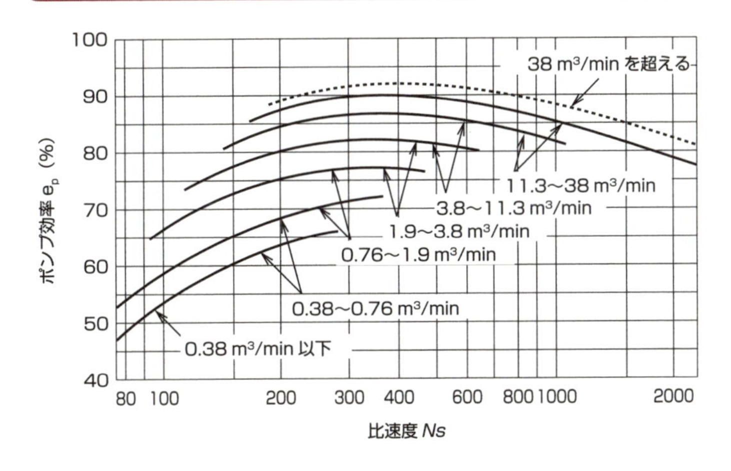

④ポンプの効率比較

	比速度*Ns*			
	100	200	300	400
JIS B 8313の効率(%)	71	71	71	71
「Energy Research & Consultants Corporation」の効率(%)	66	76	77.5	77

42 ポンプの効率を決める要因

漏れ損失と摩擦損失が大きい

ポンプの効率は、「駆動機から得た入力」から「損失」を差し引いたものになります。つまり、次のように表現できます。

「効率」＝「駆動機から得た入力」－「損失」

便宜上、すべての損失を①水力損失、②漏れ損失、③円板摩擦損失、④機械損失の4つに分類します。

ポンプの効率は結局のところ、損失が少ないほど高くなるのです。しかし、損失が多い少ないは実は比速度N_sの影響を強く受けます。4つの損失割合を図①に示します。横軸に比速度N_s、立軸に各損失の入力に対する割合を示しています。

比速度N_sによって顕著に異なるのは、漏れ損失と円板摩擦損失です。他の2つの損失は比速度N_sによらず一定です。つまり、吐出し量が小さく高揚程である低比速度ポンプほど効率が低くなります。したがって、ポンプの効率を評価するとき、単に効率の値だけを見るのではなく、比速度N_sと吐出し量を考慮する必要があるのです。

ポンプメーカや学界のポンプ研究者は、高効率化のための技術を開発してきています。しかし、直径が大きく出口幅が小さい羽根車にせざるを得ない、いわゆる低比速度ポンプにおいては、高効率を達成できたとはいえない状況にあります。その理由として、低比速度ポンプでは、漏れ損失が大きい、円板摩擦損失が大きい、および羽根車の一体鋳造が難しいという問題が挙げられます。これらの問題を解決できる手法の1つとして、溶接形の羽根車があります。

溶接形の羽根車は、低比速度ポンプでクローズド形羽根車の場合に適用されることがあり、翼間の通液路をミーリング加工し、図③に示すように、別部品で製造した側板を羽根車の翼に抵抗溶接して、クローズド形羽根車を一体に完成させます。このように製造することによって、寸法精度の向上、面粗さ悪化の解消および鋳造性の問題を解消できるのです。

要点BOX
- ●「効率」＝「駆動機から得た入力」－「損失」
- ●ポンプの効率は損失が少ないほど高い
- ●単に効率の値だけを見てはいけない

①諸損失の割合

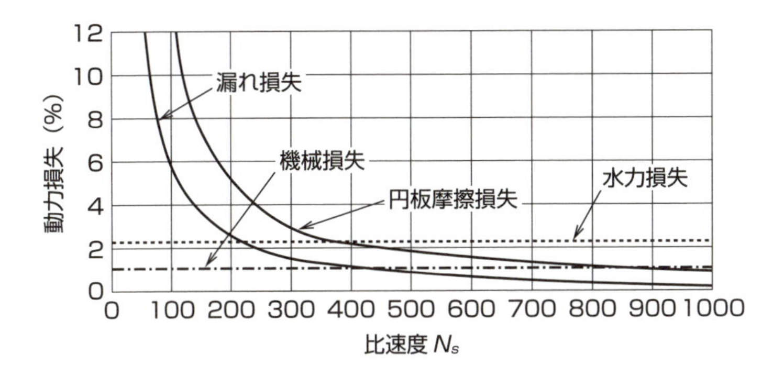

②ポンプの効率とモータ入力との関係

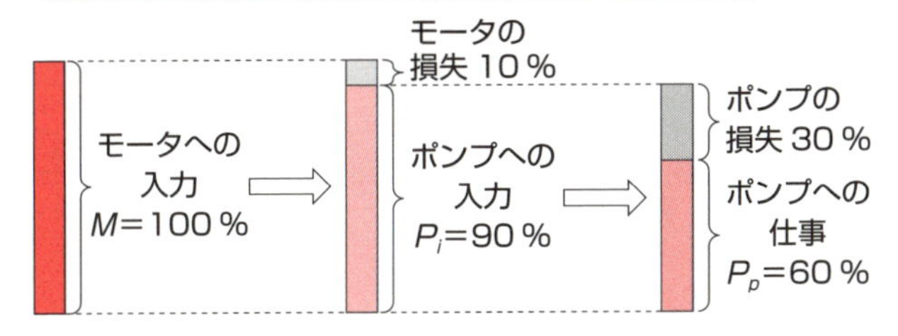

①モータに 100kW の入力があって、モータの効率が 90%であるとすれば、ポンプへの入力 P_i=90kW になる。
②ポンプの仕事 P_p=60kW が使用されるとすれば、ポンプの損失は 30kW になる。
③ポンプ効率は η_P=60/90×100=66.7（%）になる。

③溶接形の羽根車

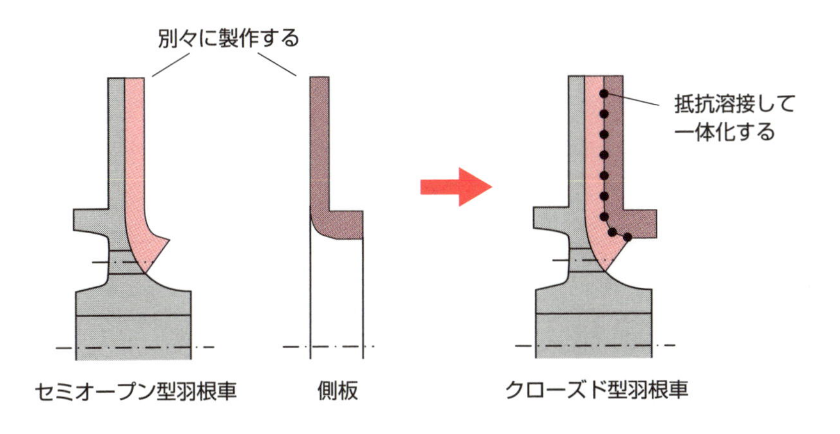

43 ポンプの速度変化

回転速度を下げて性能を調整する

吐出し量を少なくしたい、吐出し圧力を下げたいなど何らかの事情によって、ポンプの性能を下げる必要があることがあります。その場合、ポンプを交換する、インペラカットする、多段ポンプであれば段抜きするなどポンプに手を加える方法はあります。

しかし、ここではポンプそのものに手を加えない方法を紹介します。その方法とは、インバータまたはVプーリを使って、ポンプの回転速度を低くすることです。それでは、ポンプの回転速度を低くした場合について、ポンプの性能を予測する方法を説明します。回転速度を変えた場合に、性能を予測するための換算式を表①に示します。変数の記号は同表に示すとおりです。基本的に吐出し量は回転速度に比例し、全揚程は回転速度の2乗に比例します。そして、効率は表に示す経験式で換算します。また、軸動力Pは次式で計算します。

$P=0.1634 \times \rho QH/(\eta/100)$、$\rho$：液の密度（g／cm³）、$Q$：吐出し量（m³／min）、$H$：全揚程（m）、$\eta$：効率（%）

ここで実際に数値を使って例を示します。表に示す100%の回転速度で運転されているポンプを、80%の回転速度、2940 × 0.80=2352min^{-1}にしたときの性能を予想してみます。このときの液は水とし、ρ=1.0 g／cm³にします。表②に示すNo・6が最高効率点で、吐出し量は2・2m³／min、全揚程は82・0m、効率は74・6%とします。

換算式に従って80%の回転速度に換算した結果を表③に示します。最高効率点の効率は、

効率$=1-(1-0.746)/0.8^{1/5}=0.734=73.4$%

になります。最高効率点以外の効率は、効率低下係数で換算します。この効率換算係数は、

効率換算係数=73.4／74.6=0.984　になります。

このようにして換算した数値を使って、性能曲線を作成します。

要点BOX

- ●ポンプの性能を下げる必要があるとき
- ●ポンプ自体に手を加えない方法
- ●効率は経験式で換算する

①ポンプの速度変化による性能

100 %速度のポンプ性能:Q、H、N、η
速度変化したポンプ性能:Q_m、H_m、N_m、η_m

Q、Q_m:吐出し量　H、H_m:全揚程　N、N_m:回転速度　η、η_m:効率

換算式

$$Q_m=(N_m/N)\cdot Q$$

$$H_m=(N_m/N)^2\cdot H$$

$$\eta_m=1-\frac{1-\eta}{\left(\frac{N_m}{N}\right)^{\frac{1}{5}}}$$

②100 %回転速度のポンプ性能

No.	吐出し量(%)	吐出し量(m^3/min)	全揚程(m)	効率(%)	回転速度(min^{-1})	軸動力(kW)
1	0	0.00	96.8	0.0	2940	17.00
2	20	0.44	95.8	35.0	2940	19.68
3	40	0.88	94.7	56.5	2940	24.10
4	60	1.32	92.8	67.7	2940	29.57
5	80	1.76	88.4	72.7	2940	34.97
6	100	2.20	82.0	74.6	2940	39.51
7	120	2.64	71.5	71.7	2940	43.02

③80 %回転速度のポンプ性能

No.	回転速度の比	回転速度(min^{-1})	吐出し量(m^3/min)	全揚程(m)	効率低下係数	効率(%)	軸動力(kW)
1	0.80	2352	0.000	62.0	0.984	0.0	9.00
2	0.80	2352	0.352	61.3	0.984	34.4	10.24
3	0.80	2352	0.704	60.6	0.984	55.6	12.54
4	0.80	2352	1.056	59.4	0.984	66.6	15.38
5	0.80	2352	1.408	56.6	0.984	71.5	18.20
6	0.80	2352	1.760	52.5	0.984	73.4	20.56
7	0.80	2352	2.112	45.8	0.984	70.6	22.38

44 ポンプの口径

決まっているようで決まっていない口径

ポンプには吸込口と吐出し口があります。そして、ポンプを運転するためには、一部の水中ポンプを除き、吸込配管および吐出し配管が必須であり、弁、吸込ストレーナなどを含めてポンプに付設されます。そのため、配管径をいくらにするかは配管などのコストに影響します。

ポンプの吸込口と吐出し口の口径は、設計規格に従って設計するとき、その規格の中に口径の規定がある場合には、その設計規格に従います。設計規格に従って設計したとしても、その規格に口径の規定がない場合、または何の設計規格も適用しない場合、ポンプメーカは独自に口径を決めています。

口径を決めるときに参考になるのが、国際規格「ISO 2858」で、1975年に制定された設計規格です。ポンプの寸法、吐出し量と全揚程の標準要目などが規定されています。ここで、「ISO 2858」で規定している吸込口径と吐出し口径を見てみましょう。

この規格を抜粋したのが図①です。1450 min^{-1}および2950 min^{-1}の回転速度に対して、それぞれ口径および吐出し量を規定しています。回転速度2950 min^{-1}の吐出し量は1450 min^{-1}の吐出し量の2倍になっています。これは1450 min^{-1}と2950 min^{-1}のポンプは同じポンプを使用することを前提にしているからです。

「ISO 2858」規格による流速を計算した結果を示したのが表②です。そして、横軸に吸込口径、立軸に吸込流速をとって曲線にすると、図③のようになります。これらから、次のことがわかります。

①吸込流速が一定になるように吸込口径を決めているのではない。

②2950 min^{-1}の吸込流速は、1450 min^{-1}の吸込流速の2倍である。

③吸込口径が大きいほど吸込流速は大きい。

④吐出し流速は吸込流速よりも大きい。

要点BOX

- ●配管径は配管コストに影響する
- ●口径の決定は「ISO 2858」を参考に
- ●ポンプメーカが口径を決めることもある

①ISO 2858で規定している口径と吐出し量

吸込口径 (mm)	吐出し口径 (mm)	吐出し量 (m^3/h)	
		1450 min^{-1}	2950 min^{-1}
50	32	6.3	12.5
65	40	12.5	25
80	50	25	50
100	65	50	100
125	100	125	250
150	125	200	--
200	150	400	--

②ISO 2858による口径と流速

吸込口径 (mm)	吐出し口径 (mm)	吸込流速 (m/s)		吐出し流速 (m/s)	
		1450 min^{-1}	2950 min^{-1}	1450 min^{-1}	2950 min^{-1}
50	32	0.89	1.77	2.18	4.32
65	40	1.05	2.09	2.76	5.53
80	50	1.38	2.76	3.54	7.07
100	65	1.77	3.54	4.19	8.37
125	100	2.83	5.66	4.42	8.84
150	125	3.14	--	4.53	--
200	150	3.54	--	6.29	--

③ISO 2858による吸込流速

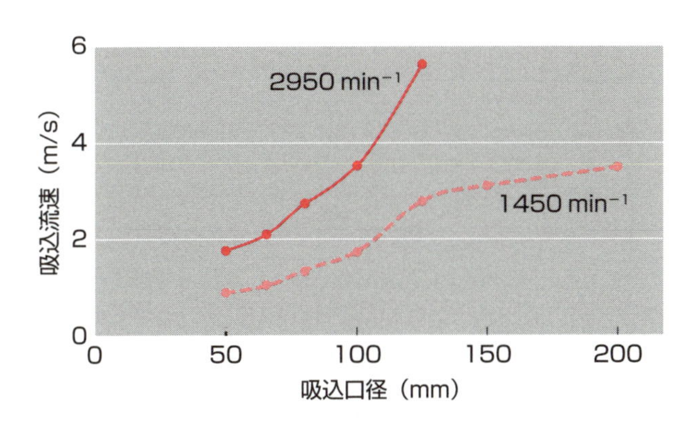

45 ポンプ選定の現実

ポンプ仕様書でトラブルを少なくする

ポンプが必要になったときに、どのようにポンプを選定するのがよいのでしょうか。用途や使用年数などによって、選定するポンプは変わります。

たとえば、水が出れば何でもいい場合は、ホームセンターなどで売っている低価格のポンプを探して、性能や材料などについては自分の責任において購入すると思います。しかし、故障すると生産に支障が出る場合は、信頼性の高いポンプにすると思います。

ポンプを選定する際に、考慮する必要があると思われる項目を参考として図①に示します。それぞれの目的に合わせて選定するのが最善です。

ポンプの選定の目安になるのが、適用する設計規格です。設計規格は、信頼性および価格に直接影響するので重要です。参考ですが、API 610の規格の中に、次のいずれか1つでも超える場合にAPI 610を適用すると、コストに見合う効果が期待できるとあります。

（1）吐出し圧力：19 bar
（2）吸込圧力：5 bar
（3）取扱液温：150℃
（4）回転速度：3600 min⁻¹
（5）全揚程：120m
（6）羽根車直径（片持ポンプに限り）：330mm

次に、ホームセンターなどで売っている低価格のポンプではなく、仕様が多岐にわたるポンプについて考えてみます。エンジニアリング会社などの発注者は、プラント建設のために必要になるポンプについて、ポンプ仕様書を付けて、ポンプメーカ数社へ見積りを依頼します。ポンプ仕様書は、発注者がポンプのグレードを明確にし、同時にポンプメーカが適切なポンプを選定するために必須です。「腐食性の有無」、「スラリー混入または析出の有無」など、仕様が明確でないと、後日トラブルの元になります。ポンプ仕様書の中にある項目を示したのが表②です。

要点BOX
- ●用途や使用年数によって選定方法が変わる
- ●ポンプ選定の目安は適用する設計規格
- ●設計規格は信頼性、価格に直接影響する

①ポンプの選定

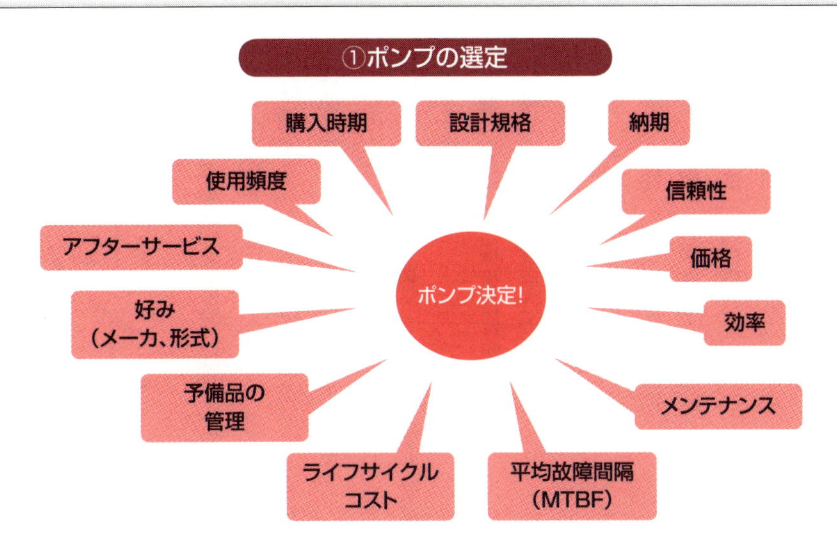

②ポンプの選定および設計のための仕様

No.	項目	個別	
1.	取扱液の特性	液名	腐食性の有無
		飽和蒸気圧力	スラリー混入または析出の有無
		密度	有る場合、スラリーサイズ
		比熱	有る場合、スラリー濃度
		粘度	硫化水素混入の有無
2.	運転条件	液温	吸込圧力
		規定吐出し量	全揚程
		最大吐出し量	NPSHA
		最小吐出し量	間欠運転の有無
		吐出し圧力	
'3.	設置場所、ユーティリティ	熱帯地方設置か	冷却水圧力
		防爆クラス	冷却水温度
		設置高度	冷却水塩素濃度
		周囲温度	計器用空気圧力
		相対湿度	計器用空気温度
		電圧	蒸気圧力
		相数	蒸気温度
		周波数Hz	
4.	性能	騒音	NPSH余裕
		最大吸込比速度S	回転方向
5.	構造	吸込･吐出しノズル面	軸受潤滑方式
		吸込･吐出しノズルレーティング	ケーシング支持
		吸込･吐出しノズル方向	許容最高圧力
		ケーシング接続口	危険速度
		ドレン構成	カップリング形式
		ベント構成	共通ベース
		材料	軸封形式
		軸受形式	計装品

46 ポンプ選定のポイント

2極横形片吸込羽根車から始める選定

ポンプの選定は、基本的には購入者が横軸、立形などポンプの形式を指定します。そして、ポンプメーカは指定された形式で仕様が満足できるかどうかを確認して、最適なポンプを選定します。

しかしながら、安価で仕様を満足できるポンプを選定すれば、次のような順番でポンプを選定することができます。

①横軸、2極、羽根車は片吸込形
②横軸、2極、羽根車は両吸込形
③横軸、4極、羽根車は片吸込形
④横軸、4極、羽根車は両吸込形
⑤立形、2極、羽根車は片吸込形
⑥立形、2極、羽根車は両吸込形
⑦立形、4極、羽根車は片吸込形
⑧立形、4極、羽根車は両吸込形

ここで、2極および4極は、駆動機をモータとしたときのモータの極数です。羽根車は、吸込口が1つあるものが片吸込形で、2つある羽根車が両吸込形です。横軸ポンプは立形ポンプと比較して、安価で据付け工事や保守点検は容易なのですが、キャビテーションを回避するために、立形ポンプが必要になることがあります。

一例として、「400㎥/h×100m×50Hz」という要項のポンプを、上記No・1からNo・4のポンプを選定し、吸込比速度S=1500と仮定してNPSH3を計算し、その結果を表②に示します。表②によると、NPSH3は「No・1 横軸、2極、羽根車は片吸込形」では8・8m、「No・4 横軸、4極、羽根車は両吸込形」では2・2mになります。たとえば、NPSHAが5mの場合、表②のNo・3のポンプを選定します。NPSHAが2mの場合、横軸ポンプには選定できるポンプがないので、立形ポンプを選定する必要があります。

要点BOX
- ●ポンプの選定は購入者が形式を指定
- ●ポンプメーカは最適なポンプを選定する
- ●安価で仕様を満足させるポンプの選定方法

①ポンプの選定順

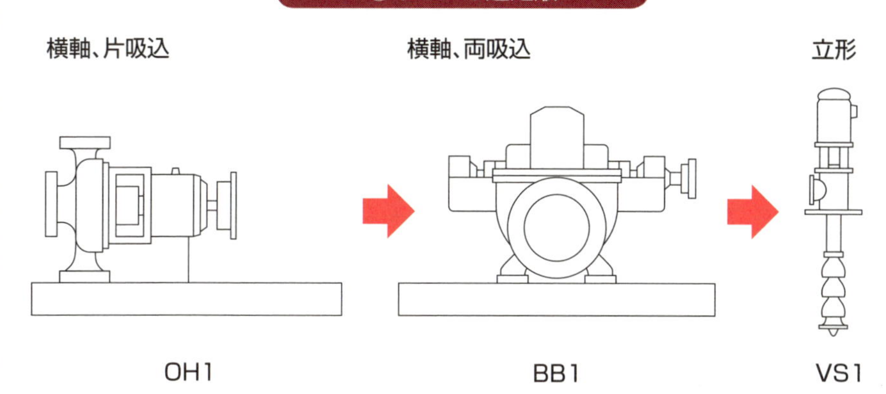

②NPSH3の計算例

No.	横軸･立形	極数	羽根車	吐出し量 Q	吸込比速度 S	回転速度 N	NPSH3
1	横軸	2	片吸込	400	1500	2970	8.8
2	横軸	2	両吸込	400	1500	2970	5.5
3	横軸	4	片吸込	400	1500	1460	3.4
4	横軸	4	両吸込	400	1500	1460	2.2

③ポンプの価格

No.	横軸･立形	極数	羽根車	吸込口径x吐出し口径	価格(%)	適用規格
1	横軸	2	片吸込	200x150	100	API 610
2	横軸	2	両吸込	200x150	225	API 610
3	横軸	4	片吸込	250x150	235	API 610
4	横軸	4	両吸込	250x200	345	API 610
7	立形	4	片吸込	300x200	425	API 610
11	横軸	2	片吸込+ｲﾝﾃﾞｭｰｻ	200x150	135	API 610
12	横軸	2	片吸込	200x150	50	なし

選定の際に重要な指標となるポンプの価格を参考として表に示す。選定する順番に、価格が高くなっているのが理解できると思う

47 ポンプの材料

海水ポンプの材料は悩みの種

ポンプは圧力容器の1つなので、圧力に耐える材料にする必要があります。同時に、ポンプは回転機械でもあるので、動的な荷重やモーメントにも耐える必要があります。ポンプの材料は、液に接する接液部と液に接しない非接液部とで選定が異なります。接液部は圧力に耐えるとともに、液の腐食や摩耗に対して、問題のない材料を選定する必要があるからです。

ケーシングと羽根車は複雑な形状をしているので、材料としては鋳物が一般的です。しかし、汎用ポンプでは射出成形したプラスチックやステンレス板をプレスして溶接したものも使用されています。主軸は細長いので鋼材を機械加工したものを使用しています。

それでは、液に対してどのような材料を選定すればよいのでしょうか。何といっても、まず使用した実績があって問題のなかった材料を選定することです。使用した実績がない場合、「化学便覧」のような耐食に関する資料などから判断します。

ここでは、材料の選定指針として、API 610に載っているものを参考として左表に示します。同表には、液名と液温に対して材料クラスが記載されています。そして、材料クラス別に構成部品の材料がかなり詳細に規定されていますが、ここでは省略します。いつも頭を悩ますのが「海水」のときです。海水を扱うポンプの材料は、ねずみ鋳鉄、青銅鋳物、アルミニウム青銅鋳物、炭素鋼、18%Cr-8%Niステンレス鋼、二相ステンレス鋼、ハステロイ（商品名）、チタンなど多くの材料が使われています。また、ねずみ鋳鉄など安価な材料にして、耐海水塗装をして使用する場合もあります。

このように、海水にいろいろな材料を使用しているのは、海水の腐食性が国や地域によって異なること、同じ地域でも海水温度差や年とともに腐食性が変わってくることに起因するのです。

要点BOX
- ●ケーシングと羽根車は鋳物が一般的
- ●海水を扱うポンプの材料
- ●海水の腐食性は国や地域によって異なる

材料の選定指針

液名	液温t(℃)	材料クラス
清水、復水、冷却塔循環水	t<100	I-1、I-2
沸騰水	t<120	I-1、I-2
	120≦t≦175	S-5
	175<t	S-6、C-6
ボイラ給水ー水平割り	95<t	C-6
ボイラ給水ー二重胴	95<t	S-6
ボイラ循環水	95<t	C-6
汚染水、炭化水素を含む水	t<175	S-3、S-6
	175<t	C-6
プロパン、ブタン、液化石油ガス、アンモニア、エチレン、低温液	t<230	S-1
	-46<t	S-1(低温材)
	-73<t	S-1(低温材)
	-100<t	S-1(低温材)
	-196<t	A-7、A-8
ディーゼル油、ナフサ、灯油、潤滑油、燃料油、原油、アスファルト	t<230	S-1
	230≦t≦370	S-6
	370<t	C-6
腐食性のない炭化水素	230≦t≦370	S-4
キシレン、トルエン、ベンゼン	t<230	S-1
炭酸ナトリウム	t<175	I-1
水酸化ナトリウム	t<100	S-1
	100<t	Ni-Cu合金
海水	t<95	協議による
サワー水	t<260	D-1
電解水、地層水、塩水	t<450	D-1、D-2
スラー油	t<370	C-6
炭酸カリウム	t<175	C-6
	t<370	A-8
MEA、DEA、TEAー貯蔵液	t<120	S-1
DEA、TEAー吸収液	t<120	S-1、S-8
MEAーCO_2吸収液	80≦t≦150	S-9
MEAーCO_2,H_2S吸収液	80≦t≦150	S-8
MEA、DEA、TEAー高濃度液	t<80	S-1、S-8
硫酸　濃度 85%以上	t<38	S-1
硫酸　濃度 85%未満	t<230	A-8
フッ化水素酸　濃度 96%以上	t<38	S-9

Column

ポンプの将来展望

国内では昔、ポンプの売り上げは経済成長率並みで、伸びは緩やかだが落ち込みはないといわれていました。「作れば売れる時代」だったのです。

しかし、様変わりしました。グローバル化により、得意先の業種によっては苦しい経営を強いられているポンプメーカもあることでしょう。

私はコンサルタントとして、国内外の会社に行っています。そこで必ず言うことがあります。社長は自分が引退するときに、あってほしい会社の姿を考え、部長は10年後の会社を考え、そして社員は3年後の自分を考えて、それぞれがありたい姿になるために、今何をする必要があるかを具体的に企画して、将来に向けて今から準備していくことを考えていただきたいということです。

ポンプの据付けと試運転

48 ポンプによる基礎への荷重

いろいろな荷重が基礎にかかる

ポンプから基礎にどのぐらいの荷重がかかるのでしょうか。その前にまず、どのような荷重があるのか考えてみます。

荷重としてあげられるのは、表①に示すように、ポンプ、駆動機および共通ベースの質量、回転体の振動による加振力、配管荷重、配管モーメント、吸込配管と吐出し配管の質量、ポンプ内と配管内の液体の質量などになります。また、地震のときには、これらの荷重にさらに加速度による荷重が加算されます。

それでは、各荷重のいくつかについて見ていきましょう。

①ポンプ、駆動機および共通ベースの質量

ポンプメーカから提出されるデータシートや外形図に値が記入されています。

②回転体の振動による加振力

ポンプの主軸や羽根車など回転する部品が振動することによって発生する荷重を、ここでは加振力と称します。ポンプメーカに加振力がいくらになるかを要求すると値が提出されます。

③ポンプ内の液の質量

ポンプメーカから提出されるデータシートや外形図に、ポンプの内容積が示されています。液の質量は、内容積と液の密度の積になります。

④ポンプ内の液の運動量変化による荷重

たとえば、「エンドトップ」のポンプの場合、ポンプが運転中、液は軸方向で水平方向から流入し、上方向に吐き出されます。これを運動量の変化としてとらえると、吸込みからある流速をもった液がポンプ内で方向を90度変えているわけです。すなわち、水平方向に流速をもった液は、吐出しでは水平方向の流速がなくなっているので、運動量が水平方向において変化します。「運動量変化による荷重」の計算例を、参考として表②に示します。

要点BOX
●地震時には加速度による荷重が加算される
●回転する部品が振動することによって発生する荷重が「加振力」

①ポンプによる基礎への荷重

No.	荷重の種類
1	ポンプの質量
2	駆動機の質量
3	共通ベースの質量
4	回転体の振動による加振力
5	ポンプ内の液の質量
6	ポンプ内の液の運動量変化による荷重
7	配管荷重
8	配管モーメント
9	吸込配管と吐出し配管の質量
10	吸込配管と吐出し配管内の液の質量
11	配管サポートによる荷重軽減

②ポンプ内の液の運動量変化による荷重

「エンド-トップ」のポンプの場合、ポンプが運転中、液は軸方向で水平方向から流入し、上方向に吐き出される。これを運動量の変化としてとらえると、吸込からある流速をもった液がポンプ内で方向を90°変えているわけである。すなわち、水平方向に流速をもった液は吐出しでは水平方向の流速がなくなっているので、運動量が水平方向において変化している。これを計算式で示すと次のようになる。

$Fv=\rho QV_1-\rho QV_2$

F_v：運動量の変化(kg)

ρ：液の密度(kg/m³)

Q：運転点の吐出し量(m³/s)

V_1：吸込口の流速(m/s)

V_2：吐出し口の流速(m/s)

計算例で説明する。吸込口径100mm、吐出し口径80mmで130m³/hで運転中のポンプにおいて、液の密度ρ=1g/cm³と仮定する。

水平方向の流速　$V_1=130/(60\times60)/(\pi/4\times0.1^2)=4.6$m/s

水平方向の流速　$V_2=0$

$Fv=\rho QV_1-\rho QV_2=\rho QV_1=1000\times130/(60\times60)\times4.6=166$kg-m/s^2=16.9kg

したがって、この「エンド-トップ」のポンプでは、軸方向で水平方向に16.9kgの荷重が作用する。

吐出し側では次のようになる。

垂直方向の流速　$V_1=0$

垂直方向の流速　$V_2=130/(60\times60)/(\pi/4\times0.08^2)=7.2$m/s

$Fv=\rho QV_1-\rho QV_2=-\rho QV_2=1000\times130/(60\times60)\times7.2=-260$kg-m/s^2=−26.5kg

吐出し配管は垂直上向きになっているので、垂直下向きに26.5kgの荷重が作用する。

49 配管荷重による基礎への荷重

配管が終わらないとわからない荷重

ポンプのケーシングには、吸込口および吐出し口があります。そして、立形ポンプの一部を除き、ポンプの据付けのときには、吸込配管および吐出し配管が設けられます。

さらに、これらの配管がポンプに取り付けられるときに、お互いの中心がずれていたり、長手方向にすき間があったりするので、ケーシングには配管による荷重およびモーメントが作用します。

ポンプのケーシングに荷重およびモーメントが作用したときに、ポンプはどうなるでしょうか。ポンプで注意が必要なことは次の4点です。

①ポンプ全体が変形して液漏れが発生する。
②ポンプ全体が変形して、内部の狭い隙間の箇所同士が当たる。
③ケーシングなどが破損する。
④カップリングと結合する主軸端がずれる。

ところが実際に作用する配管荷重と配管モーメントは、配管してみないとわかりません。

仮に、まったく狂いがなく配管ができ上がって、ポンプのケーシングには荷重およびモーメントが作用しないとします。それでも、ポンプが運転に入ると、液の反力や振動などによって、ポンプのケーシングには必ず荷重およびモーメントが作用します。また、高温や低温の液を扱う場合には、ポンプおよび配管材料が同じであっても、部分的に温度差があるので伸び量や縮み量が変わるため、結局はポンプのケーシングには必ず荷重およびモーメントが作用します。

その対策として購入者は、許容配管荷重および許容配管モーメントをポンプメーカに指定することができます。左表に示す値は、ＡＰＩ６１０で規定しているものですが、これらの値が、吸込口および吐出し口に同時に作用しても、上記4点の問題が起こらないようにポンプを設計し、製造する必要があります。

要点BOX
- ●ケーシングには配管による荷重およびモーメントが必ず作用する
- ●温度差によって伸び量や縮み量が変わる

①配管荷重と配管モーメント

	配管荷重(N)								
	ノズルサイズ(mm)								
	50	80	100	150	200	250	300	350	400
トップノズル									
FX	710	1070	1420	2490	3780	5340	6670	7120	8450
FY	580	890	1160	2050	3110	4450	5340	5780	6670
FZ	890	1330	1780	3110	4890	6670	8000	8900	10230
サイドノズル									
FX	710	1070	1420	2490	3780	5340	6670	7120	8450
FY	890	1330	1780	3110	4890	6670	8000	8900	10230
FZ	580	890	1160	2050	3110	4450	5340	5780	6670
エンドノズル									
FX	890	1330	1780	3110	4890	6670	8000	8900	10230
FY	710	1070	1420	2490	3780	5340	6670	7120	8450
FZ	580	890	1160	2050	3110	4450	5340	5780	6670
配管モーメント(N·m)									
すべてのノズル									
MX	460	950	1330	2300	3530	5020	6100	6370	7320
MY	230	470	680	1180	1760	2440	2980	3120	3660
MZ	350	720	1000	1760	2580	3800	4610	4750	5420

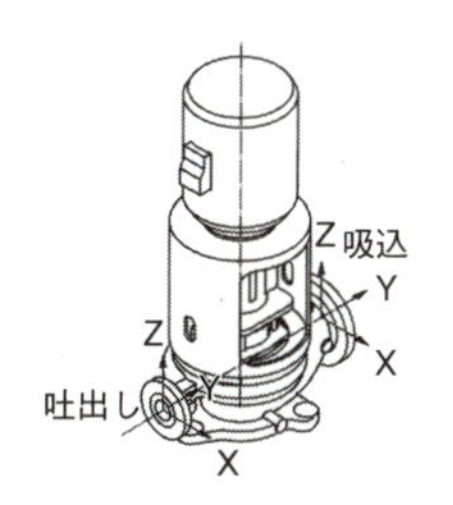

立軸インラインポンプ「サイド-サイド」

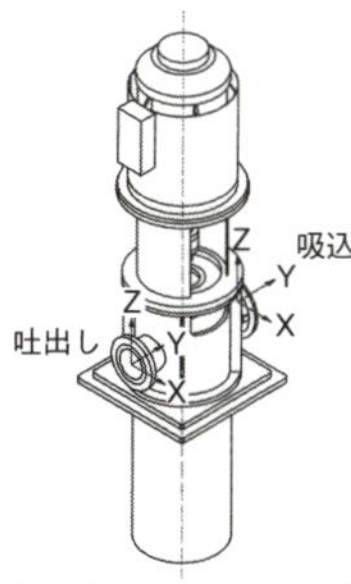

立形キャン付きポンプ「サイド-サイド」

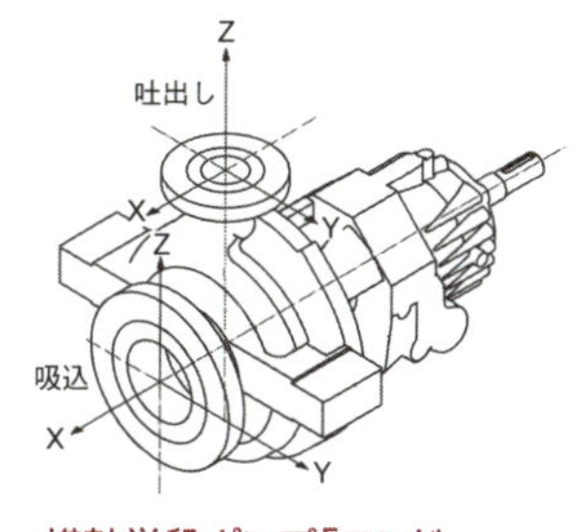

横軸単段ポンプ「エンド-トップ」

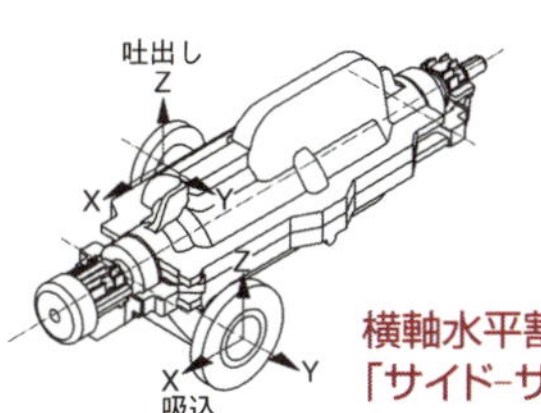

横軸水平割り多段ポンプ「サイド-サイド」

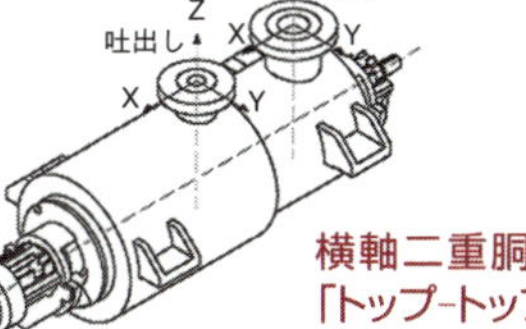

横軸二重胴多段ポンプ「トップ-トップ」

50 ポンプの据付け

ライナを使って水平を出す

超大型のポンプやモータでない限り、ポンプとモータは図①に示すように、共通ベースの上に取り付けられた状態で現地に到着します。そして、一体になったままで、ポンプは基礎面に据え付けられるのですが、具体的には次の順番で設置されます。

①基礎ボルトの固定：基礎に基礎ボルト用穴をあけて、モルタルを使って基礎ボルトを固定します。

②共通ベースの据付け：共通ベースにある基礎ボルト用穴に基礎ボルトを通過させて、基礎上に置きます。そして、共通ベースの水平度を調整します。ポンプの吐出しフランジ面など加工面に水準器などを置いて、基礎ボルトの両側に、図②に示すように、テーパライナと平行ライナを使って水平を調整します。

水平が出たら、テーパライナと平行ライナはお互いに点溶接し、これらを共通ベースにも点溶接し、動かないようにします。水平度の基準はポンプメーカの推奨値になります。

③モルタル流し込み：共通ベースの中にモルタルを流し込み固化させます。このとき、テーパライナと平行ライナ、および基礎と共通ベースの隙間にもモルタルを入れます。モルタルは乾燥しても収縮しないものが適しています。

④ポンプとモータの心出し：カップリングボルトを外し、カップリングを使って「面振れ」と「水平度」を調整します。「面振れ」は図③に示すように、テーパゲージなどを使って、ポンプ側のカップリングとモータ側のカップリングの隙間を上下左右4カ所測定します。「水平度」も図④に示すように、定規などをポンプ側のカップリング面に当てて、モータ側のカップリングを手回ししながら隙間を測定します。どちらも、ポンプメーカの推奨値になるように、モータの脚の下にシムを抜き差しして調整します。

要点BOX

- ●ポンプとモータは共通ベースの上に
- ●共通ベースの水平度を調整
- ●モータの脚の下にシムを抜き差しして調整する

①ポンプ、モータおよび共通ベースの一体図

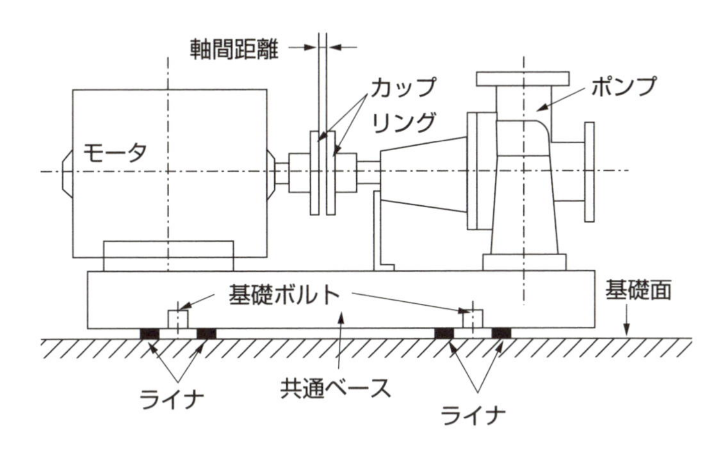

②テーパライナと平行ライナ

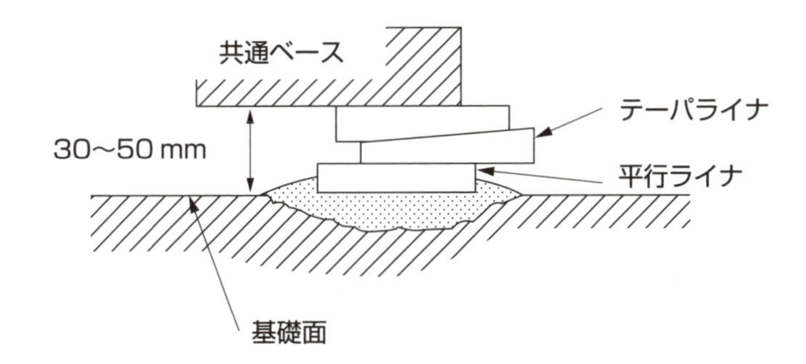

③面振れ測定

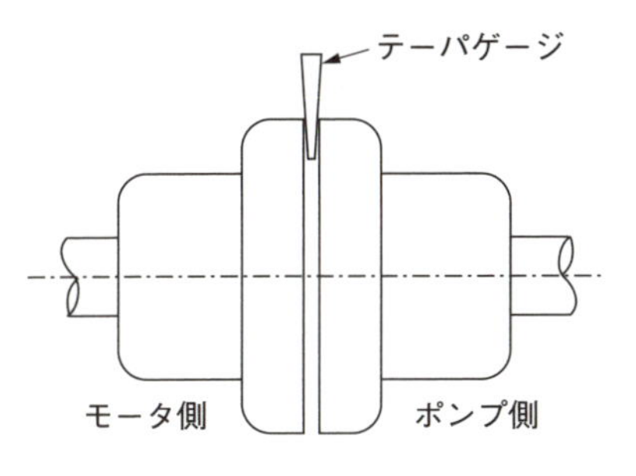

④平行度測定

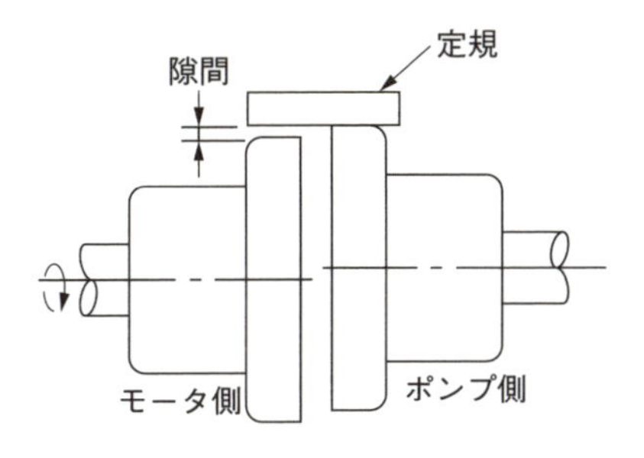

51 ポンプの吸込口と吸込配管

吸込側から空気を吸わない

ポンプは吸込口から空気を吸い込むことを避ける必要があります。

垂直配管の吸込口は、図①に示すように、液面「WL」がだんだん低下してくると、液面に渦ができ始め、さらに液面が低下すると吸込口から空気を巻き込んでしまいます。空気の巻込みを防止するために、特別な装置は付けずに、吸込口にフート弁が付く場合でも、ベルマウスが付く場合でも、それぞれ図②に示すような寸法以上にするのが一般的です。

ポンプの吸込口が水平の場合は、垂直配管の吸込口とはかなり異なります。水平配管のときの吸込口は、図③のようにすれば、空気の巻込みを防止することができます。

ポンプは吸込口から空気を吸込むことを避ける必要があるのに加え、もう1つ大事なことがあります。それは、吸込配管の中に空気が滞留するのを避けることです。吸込タンクの液面がポンプ軸中心より下にある場合、吸込配管の途中に、空気が滞留するような盛り上がり箇所を避けるように、吸込配管を施工します。つまり、仮に空気が吸込配管内に混入してきたとしても、混入している空気は吸込配管内に滞留させないで、液とともにポンプ内に入って吐出し口から出ていくようにします。

一方、吸込タンクの液面がポンプ軸中心より上にある場合はどうでしょうか。吸込配管の中に逆U字形の曲がりでも設けない限り、空気が滞留することはありません。

吸込配管の途中に仕切弁などの吸込弁を設置する場合、弁体内に空気が滞留しないように、弁のハンドルを横向きにします。ただし横向きにしてハンドルの開閉が容易でなければ、45°程度に傾けて設置してもかまいません。念のためですが、空気が混入することがよいことだという意味ではありません。空気が混入しないような配管にすることが大切です。

要点BOX

- 吸込口から空気を吸い込まない方法
- 吸込配管の中に空気が留るのを避ける
- 空気が混入しないような配管にする

①垂直配管の吸込口

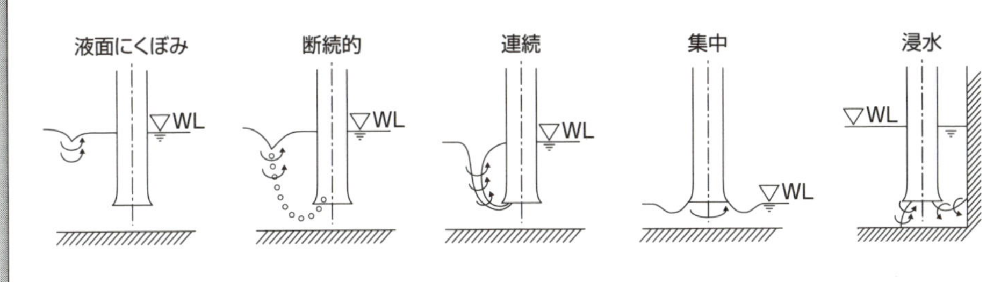

②空気の巻込みを防止するための寸法

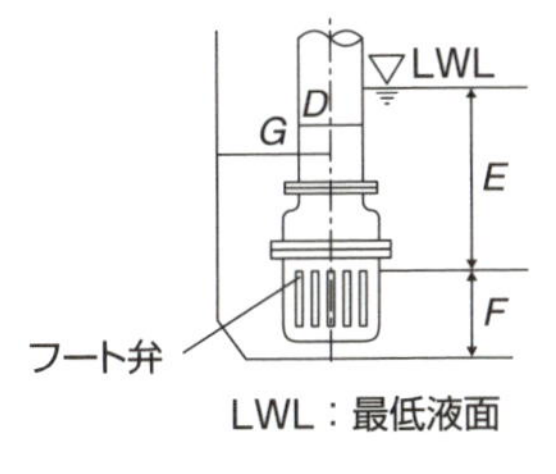

口径(mm) D	寸法(mm)			口径(mm) D	寸法(mm)		
	E	F	G		E	F	G
65	280	150	200	150	500	380	250
80	310	200	200	200	600	500	400
100	330	250	200	250	720	620	400
125	420	310	250	300	850	740	450

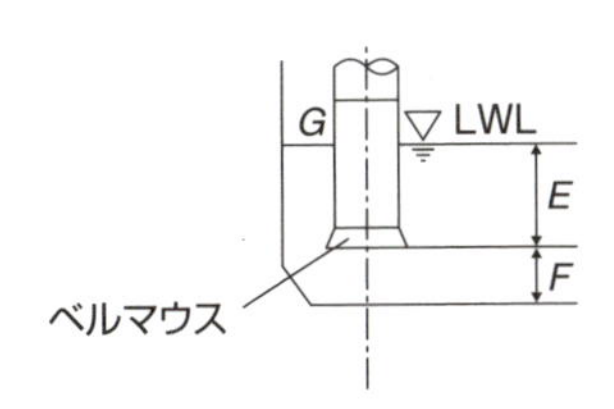

口径(mm) D	寸法(mm)			口径(mm) D	寸法(mm)		
	E	F	G		E	F	G
150	500	250	250	350	670	350	450
200	500	250	300	400	760	400	500
250	500	250	350	450	860	450	550
300	570	300	400	500	950	500	600

③水平配管の吸込口

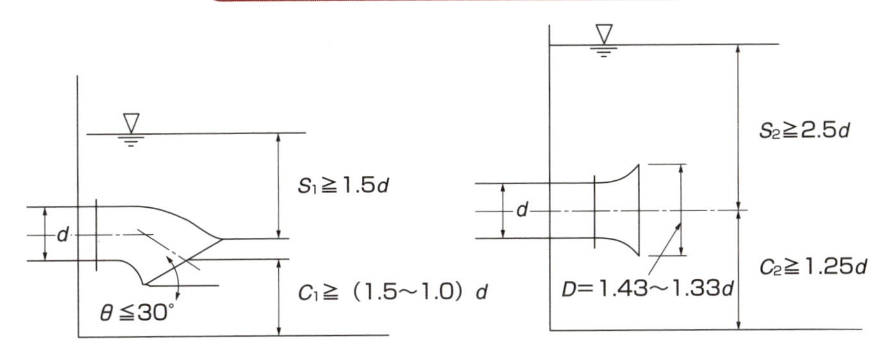

52 ポンプの吸込ストレーナ

圧力損失は必ず確認する

ポンプの吸込口の前流側に取り付ける吸込ストレーナは、必ず必要ということではありません。しかし、ポンプに接続されている配管などに異物が混入している可能性がある場合、プロセスの関係で固形物が析出する可能性がある場合は、吸込ストレーナを付けておくと安全です。

次に、吸込ストレーナを取り付ける場合の選定と注意点について説明します。

①メッシュ

吸込ストレーナのメッシュは、想定される異物が通過できない大きさにする必要があります。または、ある大きさ以下の異物がポンプに混入しても問題なければ、その大きさにします。

②形式

吸込ストレーナには、コーン形、Y形、バケット形、複式などがあります。そして、プラントなどの建設が完了して、試運転前に洗浄のときだけに使用する場合と、常時設置される場合とがあります。吸込ストレーナが目詰まりしたときの清掃について、コーン形は大変ですが、Y形は比較的容易です。複式のときは、目詰まりしても、相互に切り替えることによってポンプをすぐに運転できます。

③注意点

注意点はただ1つです。ポンプのNPSHAが確保されている必要があります。吸込ストレーナの目が細かくなると、それだけ吸込の圧力損失が大きくなってしまい、ポンプのNPSHAが小さくなります。また、目詰まりすることによってもNPSHAが小さくなります。

ストレーナの圧力損失について、ストレーナメーカから流量と圧力損失の関係を示す2次曲線などが出されています。この曲線を使って圧力損失を算出します。どのような状態であっても、「NPSHA>NPSH3」を確保する必要があります。

要点BOX

- ●吸込ストレーナは必需品ではない
- ●異物が混入している可能性があれば必要
- ●「NPSHA>NPSH3」を確保する

①吸込ストレーナの種類

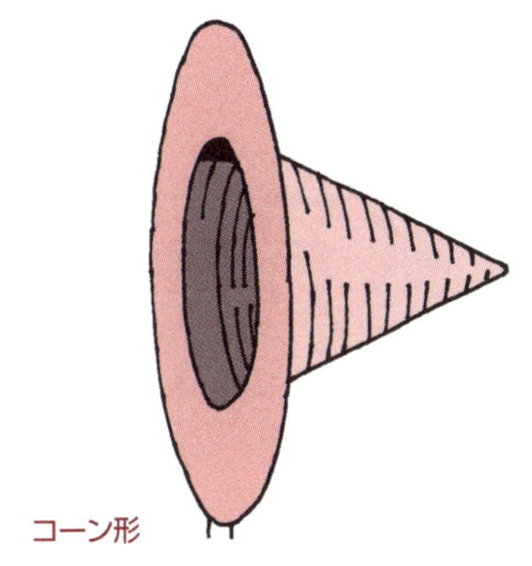
コーン形

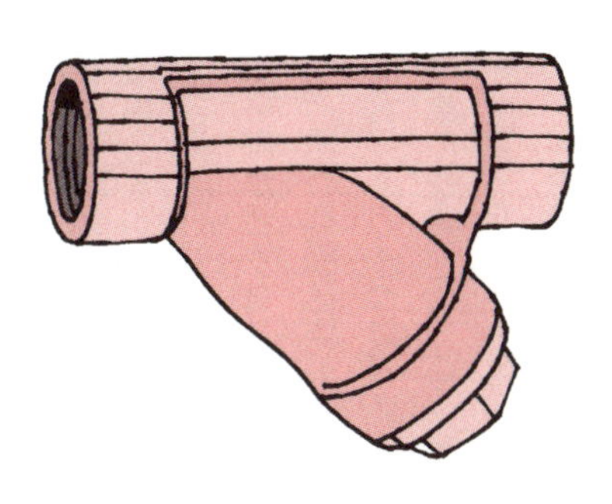
Y形

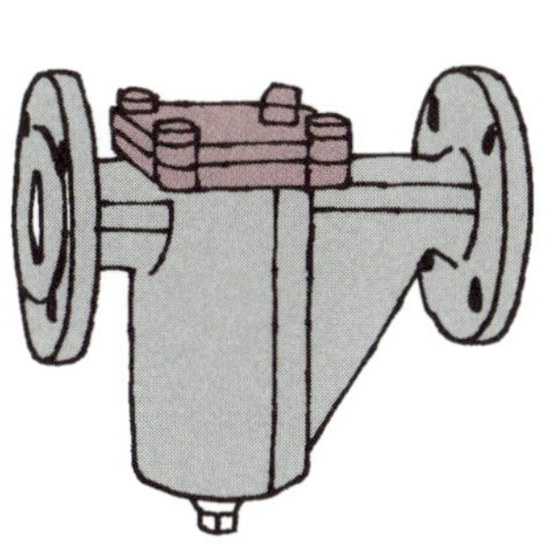
バケット形

複式

②吸込ストレーナを取り付けた場合の対策

- 吸込ストレーナの前後の差圧を測定し、差圧が規定以上になったときに「アラームそしてシャットダウン」によって、ポンプを停止するための接点付差圧計を設ける。または、吸込ストレーナとポンプの吸込口間に、吸込圧力が異常低下したことを検知し「アラームそしてシャットダウン」によって、ポンプを停止するための接点付圧力計を設ける。
- メンテナンスを考慮して、吸込ストレーナの前後に仕切弁を取り付けた場合、メンテナンスするときを除いて、弁を全開に保持するための錠が付いた仕切弁を設ける。
- 電気信号で「アラームそしてシャットダウン」する場合、信号線が切れていないことを確認するための接点を回路の中に設ける。

53 「吸上げ」の横軸ポンプの空気抜き

起動方式によって方法を選択する

ポンプは流体機械の1つと定義されています。流体機械は、液体を扱うポンプと気体を扱う送風機および圧縮機があるので、正確にいうと、真空ポンプを除き、ポンプは液体機械なのです。そのため、ポンプは始動する前に、ポンプの吸込配管およびポンプ内にある空気をすべて抜く必要があります。空気を抜かないでポンプを運転すると、ポンプ内部に「かじり」を起こしたり、主軸を折損したりして、ポンプは重大な事故を引き起こします。

空気を抜くための方法にはいろいろとありますが、ポンプの吸込側がどうなっているかによって、2つに分かれます。1つは吸込側の液面がポンプの軸中心より低い場合、もう1つは吸込側の液面がポンプの軸中心より高い場合です。ここでは、低い場合を「吸上げ」、高い場合を「押込み」と呼ぶことにします。

「吸上げ」の場合の空気抜き方法には、主に次の2つの方法があります。

①「真空ポンプ+満液検知器」

図①に示すように、ポンプのできるだけ上部または吐出し管から枝管を出し、その枝管の先に、ポンプよりも高い位置に満液検知器を接続し、満液検知器に真空ポンプを接続します。吐出し弁は全閉、バイパス弁は全開にします。そして、真空ポンプを運転してポンプ内を真空にしながら、ポンプ取扱液を吸込タンクから吸い上げます。ポンプ内が満液になったことを満液検知器で検知します。主に水を扱う大型のポンプ、および自動運転されるポンプに適用されます。

②「呼水漏斗+フート弁」

図②に示すように、ポンプのできるだけ上部または吐出し管から枝管を出し、その枝管の先に、呼水漏斗を接続します。そして、吸込配管の最下端にフート弁を設けます。吐出し弁は全閉、バイパス弁は全開、空気抜き弁は全開にします。

要点BOX

- ●ポンプは流体機械の1つ
- ●ポンプは始動前にポンプ内の空気をすべて抜く
- ●空気を抜かないと重大な事故を引き起こす

①真空ポンプ＋満液検知器

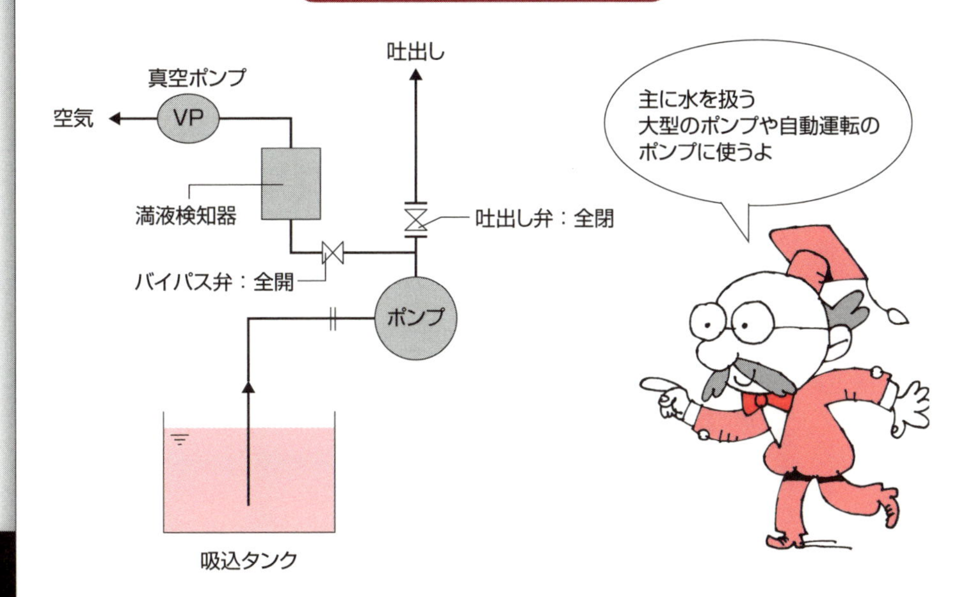

②呼水漏斗＋フート弁

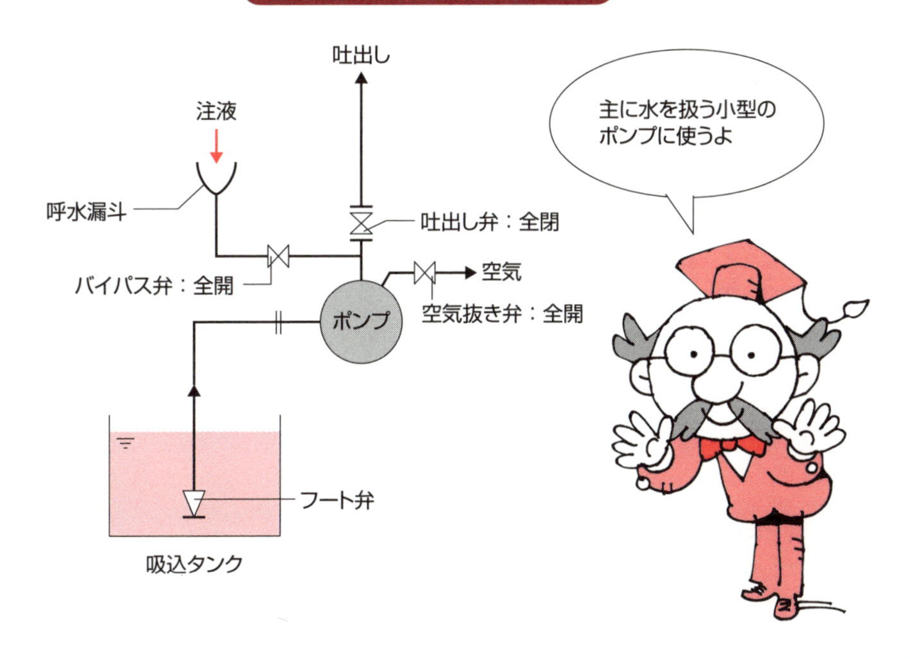

54 「押込み」の横軸ポンプの空気抜き

水以外に適した方法

「押込み」の場合の空気抜き方法についても、主に次の2つの方法があります。

①「押込み」

図①に示すように、吐出し弁を全閉、吸込弁および空気抜き弁を全開にして、ポンプ内にポンプ取扱液を流し込みます。流し込む箇所は、吸込側でも吐出し側でもかまいません。そして、空気抜き弁から液が漏れてきたことによって、ポンプ内の空気がすべて抜けたことがわかります。

ただし、この方法はポンプがセルフベントの場合に適用できます。セルフベントとは、図②に示すように、液がポンプに入ってきて液面がどんどん上昇していくと、自動的にポンプ内の空気が抜ける構造のことをいいます。主に水以外の液を扱うポンプに適用されます。また、有毒性液や液化ガスなど外気に漏れると危険な液の場合は、空気抜き弁の後流側に配管して、液や空気を安全な吸込タンクなどに戻す配管が必要です。

②「押込み＋空気抜き弁」

ポンプがセルフベントでない場合、図③に示すように、ポンプ内の空気が溜まる最上部にさらにもう1つの空気抜き弁が必要になります。この空気抜き弁も全開にしておき、空気抜きの方法は、前述と同様に、吐出し弁を全閉、吸込弁および2つの空気抜き弁を全開にしてポンプ内にポンプ取扱液を流し込みます。流し込む箇所は、吸込側でも吐出し側でもかまいません。両方の空気抜き弁から液が漏れてきたことによって、ポンプ内の空気が抜けたことがわかります。

この方法も主に水以外の液を扱うポンプに適用されますが、有毒性液や液化ガスなど大気に漏れると危険な液を扱うときは、空気抜き弁の後流側に配管して、液や空気を安全な吸込タンクなどに戻す配管が必要になります。そして、吸込タンクは密閉構造にします。

●「押込み」はセルフベントの場合に適用
●セルフベントは自動的に空気が抜ける構造
●セルフベントでないと空気抜き弁を追加

①押込み

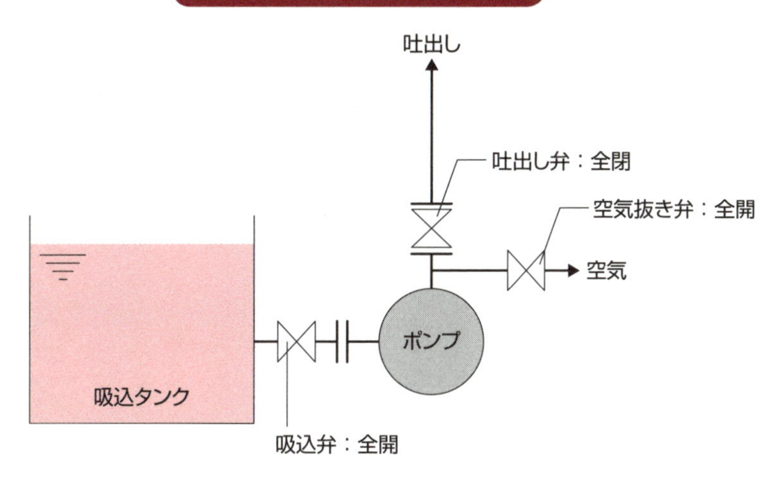

②セルフベントの構造

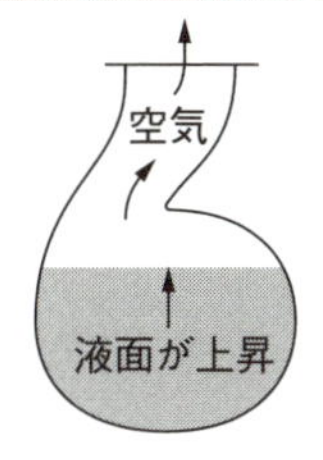

④セルフベントでない構造

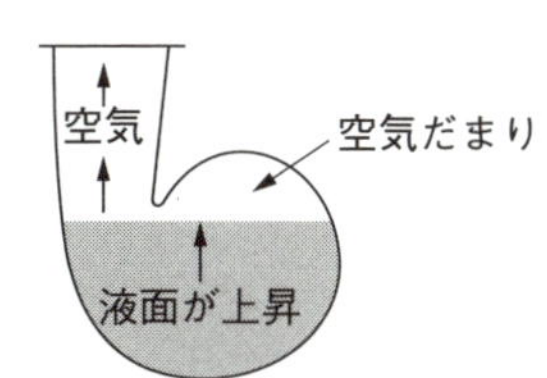

③押込み＋空気抜き弁

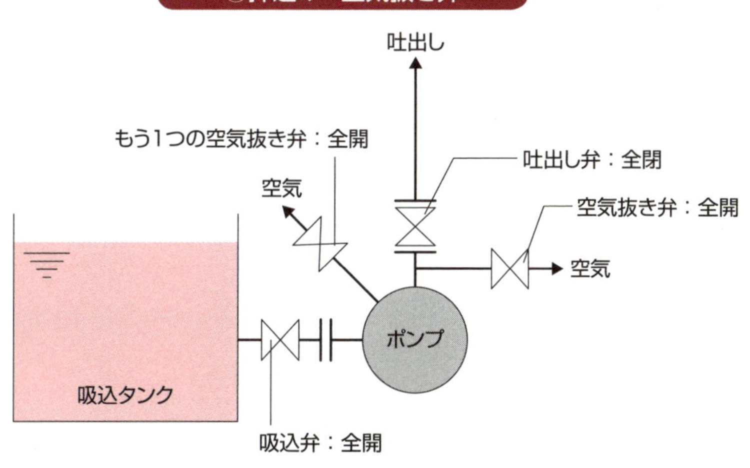

55 ポンプの回転方向を確認する

ケーシングを見て回転方向がわかる

　ポンプ内および吸込配管内の空気抜きが終わり、ポンプの運転に必要になる冷却水などのユーティリティの供給を開始すれば、ポンプは始動できる状態にあります。ここで、回転方向の確認を行います。具体的には、面倒でもカップリングボルトを外して、モータ単独で数秒回転して目視で回転方向が正しいかどうかを確認します。

　据付け現場が広く、多くの工事業者が行き来しているところでは、電気関係の業者はポンプが始動できる状態でないにもかかわらず、独自に回転方向を確認することがあります。とても危険なことなので、このようなことは避ける必要があります。

　回転方向が正しいことを確認したら、最終の心出しをします。そして、試運転を開始します。

　ここでは参考として、ポンプを外から見たときの正規の回転方向の見分け方を紹介します。ポンプの回転方向はカップリングやカップリングの近くに矢印で示されています。しかし、長い年月が経過すると矢印が劣化して見えなくなってしまいます。そのような場合にも役立ててください。

　ボリュートをもったケーシングと羽根車の回転方向の関係を図①に示します。同図(a)、(b)および(c)ともに同じで、羽根車は反時計方向に回転します。そして液はケーシング内に矢印で示したように流れ、吐き出されます。

　次に、「外から見たときの回転方向A」の図②を見てください。同図（a）のようなポンプで、〝A〟から見て（b）のようになっているケーシングの場合、(b)において、反時計方向に回転するのが正規です。つまり、回転方向は駆動機側から見て時計方向になります。

　図③の「外から見たときの回転方向B」の(a)(b)の場合も同様で、正規の回転方向は駆動機側から見て時計方向です。

要点BOX

- ●目視で回転方向が正しいかどうかを確認
- ●外から見たときの正規の回転方向の見分け方
- ●回転方向が正しかったら最終の心出し

①ケーシングと羽根車の回転方向の関係

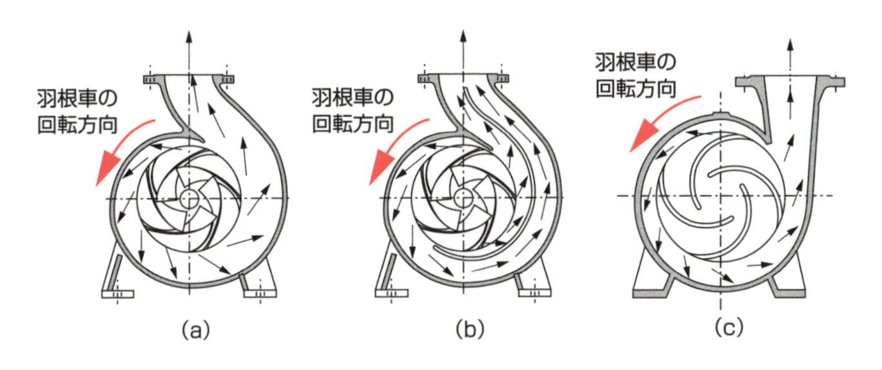

②外から見たときの回転方向A

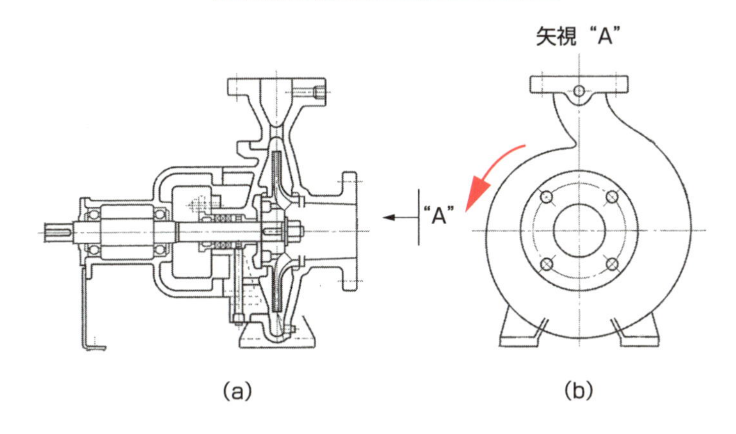

③外から見たときの回転方向B

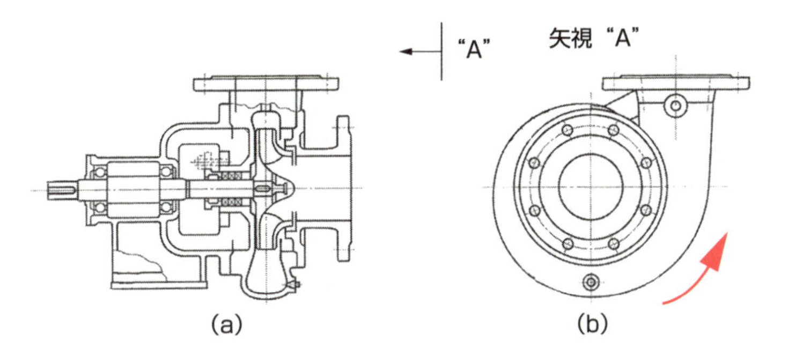

56 ポンプの性能曲線と運転点

ポンプは自由に運転点を決めることはない

ポンプは独自に自由に運転点を決めることはありません。

ポンプには吸込配管および吐出し配管が必要です。これらの配管が細かったり太かったり、長かったり短かったり、曲管が多かったり少なかったり、弁などを含めたこれらの配管系の抵抗で運転点が自動的に決まります。同一のポンプであれば、抵抗の少ない方が吐出し量は多くなります。ただし、抵抗は弁の開度を変えたりして、人が操作することはできます。

それでは、ポンプの運転点がどのように決まるのかを説明します。たとえば、ポンプが図①に示すような配置の場合、吸込タンクから吸込弁を通過して取扱液がポンプに流入します。そして、吐き出された液は、逆止弁、吐出し弁および流量計を通過して吐出しタンクに到達します。

このポンプの性能曲線が図②に示すような場合、ポンプを始動して運転点に到達するルートは、吐出し弁が閉じているか開いているかで異なります。

①吐出し弁が全閉のとき

ルート：O→A→B→F→D

ポンプを始動してポンプの回転速度が定格回転速度に達する前に、締切全揚程が実揚程*Ha*になっても、吐出し弁が全閉のため、吐出し量は0の状態のままです。

ポンプの回転速度が徐々に増加し、定格回転速度に到達すると、締切全揚程である点Bに達します。そして、吐出し弁を少しずつ開いていくと、運転点はFに移り、全開になると運転点Dに達し、この点で連続して運転されます。

②吐出し弁が全開のとき、ルート：O→A→D

ポンプの回転速度が定格回転速度に達する前に、全揚程が実揚程*Ha*になった時点で、液が流れ始めます。

③吐出し弁が少し開いているとき

ルート：O→A→F

要点BOX

- ポンプには吸込配管、吐出し配管が必要
- 配管系の抵抗で運転点が自動的に決まる
- 抵抗は人が操作することはできる

①ポンプの配置

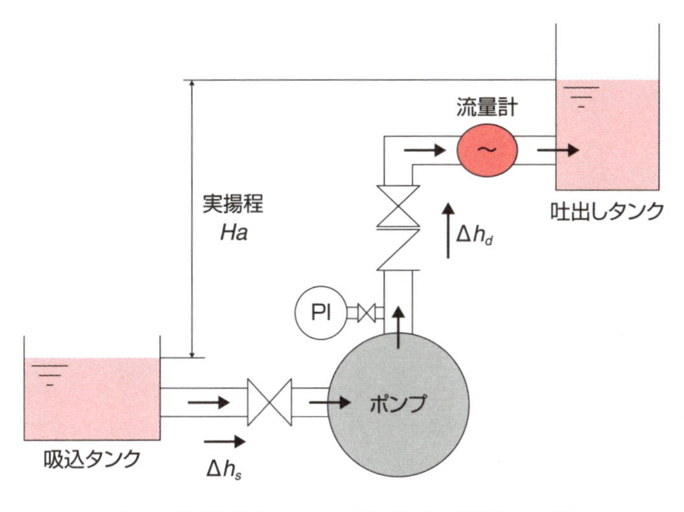

Ha ：実揚程（吐出しタンクと吸込タンクの液面高さの差）

Δh_s：吸込配管の損失水頭

Δh_d：吐出し配管の損失水頭

②ポンプの性能曲線と運転点

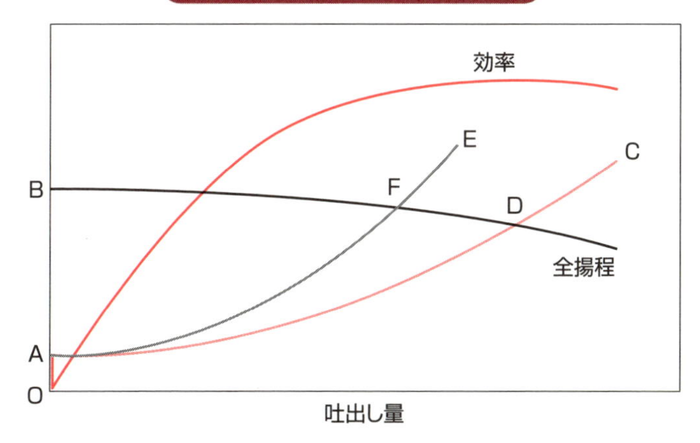

O　　　　　：吐出し量ゼロ（0）で全揚程零（0）、つまりポンプが停止しているとき

OA　　　　：実揚程*Ha*

B　　　　　：締切全揚程

ADC、AFE ：配管抵抗曲線

（それぞれ、Δ*hs*とΔ*hd*との総和であり、吐出し量の2乗に比例して増加する）

D、F　　　：ポンプの運転点

57 ポンプの全揚程と吐出し圧力

吸込圧力で変わる吐出し圧力

ポンプの吐出し圧力は、ポンプの性能曲線に示される全揚程を圧力に換算した値と同じではありません。吸込圧力を考慮する必要があります。

吐出し圧力＝吸込圧力＋全圧力

になります。全圧力とはポンプ自体が発生する圧力のことで、全揚程を圧力に換算した値です。また、吸込圧力および吐出し圧力を読み取る圧力計器の中心高さが異なる場合、高さの差を換算する必要がありますが、詳しいことは19項および20項を参照してください。

全揚程 *H* は、ポンプを運転することによって液が得たエネルギーを全ヘッドで表示した値であり、基準高さにおけるポンプの吐出し口と吸込口の全ヘッド差になります。基準高さは、横軸ポンプでは軸中心になります。

ポンプの性能試験のとき、吐出しヘッドおよび吸込ヘッドは、圧力計器で測定するために静圧しか測定できません。

しかし、ポンプの運転中は、吸込速度をもった液がポンプの吸込口から流入し、ポンプの吐出し口から吐出し速度を得た液が吐き出されます。吸込速度および吐出し速度のエネルギーは動圧と呼ばれます。そして、全揚程 *H* は、全圧力をヘッドで表したエネルギーなので、静圧と動圧の和になります。

このことをもう少し単純に説明しましょう。吸込口径が吐出し口径より大きい場合、ある一定の吐出し量において、吸込口の流速と吐出し口の流速の関係は、次のようになります。

「吸込口の流速＜吐出し口の流速」

これは何を意味するのでしょうか。液が低速から高速になったのは、ポンプ自体が液にエネルギーを与えて、液を高速にしたのです。このエネルギーは圧力計器に表れない動圧ですが、この動圧に静圧を加えて全揚程としているのです。

要点BOX

- ●吐出し圧力＝吸込圧力＋全圧力
- ●全圧力はポンプ自体が発生する圧力
- ●全揚程とは全圧力をヘッドで表したエネルギー

①記号

H	：全揚程(m)
H_d	：基準高さにおける吐出しヘッド(m)
H_s	：基準高さにおける吸込ヘッド(m)
v_d	：吐出し口の流速(m/s)
g	：重力加速度(m/s²)
$v_d^2/2g$	：吐出し速度ヘッド(m)
$v_s^2/2g$	：吸込速度ヘッド(m)
ρ	：液の密度(g/cm³)
P_d	：吐出し圧力(kg/cm²)$=\rho H_d/10$
P_s	：吸込圧力(kg/cm²)$=\rho H_s/10$

②全揚程の計算式

全揚程H (m)は、基準高さにおけるポンプの吐出し口と吸込口の全ヘッド差なので、

$$H=(H_d+v_d^2/2g)-(H_s+v_s^2/2g)$$
$$=H_d-H_s+v_d^2/2g-v_s^2/2g$$

吐出し口径と吸込口径が同じ場合、

速度ヘッドの差$(v_d^2/2g-v_s^2/2g)=0$

になるので、

$$H=H_d-H_s$$

③吐出し圧力の計算式

吐出しヘッドH_d(m)は、

$$H_d=H+H_s-v_d^2/2g+v_s^2/2g$$
$$=H-(v_d^2/2g-v_s^2/2g)+H_s$$

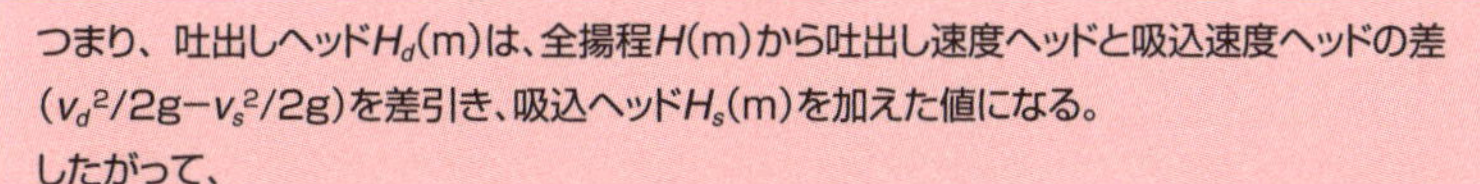

つまり、吐出しヘッドH_d(m)は、全揚程H(m)から吐出し速度ヘッドと吸込速度ヘッドの差$(v_d^2/2g-v_s^2/2g)$を差引き、吸込ヘッドH_s(m)を加えた値になる。

したがって、

$$H_d \neq H$$

吐出しヘッドH_d(m)は、常に吸込ヘッドH_s(m)によって変わる。

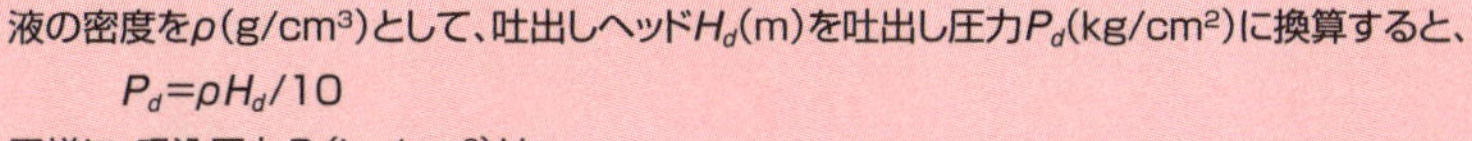

液の密度をρ(g/cm³)として、吐出しヘッドH_d(m)を吐出し圧力P_d(kg/cm²)に換算すると、

$$P_d=\rho H_d/10$$

同様に、吸込圧力P_s(kg/cm²)は、

$$P_s=\rho H_s/10$$

吐出し圧力P_d(kg/cm²)は、

$$P_d=\rho H/10-\rho(v_d^2/2g-v_s^2/2g)\ /10+P_s$$

吐出し口径と吸込口径が同じ場合、

速度ヘッドの差$(v_d^2/2g-v_s^2/2g)=0$

になるので、

$$H_d=H+H_s$$
$$P_d=\rho H/10+P_s$$

Column

単段ポンプより多段ポンプの方が高効率

ポンプの効率は本文に書いたとおり、比速度とポンプの大きさで決まります。

ある吐出し量と全揚程と周波数が与えられれば、ポンプは設計できます。単段ポンプで設計する場合、2極か4極とかの選択しかできないので、比速度は3つほどしかありません。多段ポンプであれば、この選択肢に加え、段数も選択できます。もっとも効率の高い比速度300から400になるような設計が多段ポンプでは可能になるのです。

このため、単段ポンプより多段ポンプの方が効率は高くなるのです。だからといって、そのような設計が一般的かといえば、そうではありません。製造原価および販売価格で単段ポンプと比較したら、多段ポンプは完敗です。

第7章

ポンプを動かしてみよう

58 ポンプの減速運転

フラッシングの圧力と流量を確認する

吐出し量が多すぎたり、全揚程が高すぎたりしたときに、ポンプはインバータやベルトを使って減速運転されることがあります。１００％の速度で運転しているポンプを、80％の速度に減速したときの性能変化が図①です。

定速のまま吐出し弁で絞って吐出し量を少なくするよりは、減速運転した方が軸動力を低減できるので、省エネルギー効果は高まります。

ここで、注意する必要があるのが軸封へ供給するフラッシングの圧力と流量です。軸封の主なものにグランドパッキングとメカニカルシールがありますが、いずれも摺動部の冷却および潤滑のために、適正な圧力と流量によるフラッシング液が必要になります。そして、軸封が格納されているスタフィングボックス内の圧力は大気圧力を超え、同時に液の飽和蒸気圧力よりも高い状態を保持することによって、空気の吸入および液の気化を防止します。ところが、ポンプの減速運転によって全揚程も低下するので、フラッシングの方式によっては、適正な圧力と流量のフラッシング液が確保されないということが懸念材料になります。

それでは、どのようなフラッシング方式があるか、ＡＰＩ ６８２を参考に主なものを見てみましょう。主に使用されているフラッシングの方式を、フラッシングプランの呼称ごとに図②に示します。これらの図はメカニカルシールのものですが、グランドパッキンの場合にも適用できます。外部フラッシングを除き、いずれの方式でも、ポンプの差圧、すなわち吐出し圧力と吸込圧力の差を利用しています。

図②において問題が出る可能性があるのは、グランドパッキンでは、プラン12および31です。メカニカルシールでは、プラン02、12、23および31です。減速運転が最初から想定されている場合、事前に適切な手段を講じておく必要があります。

要点BOX

- ●減速運転した方が軸動力を低減できる
- ●軸封の主なものにグランドパッキングとメカニカルシールがある

①減速運転による性能変化

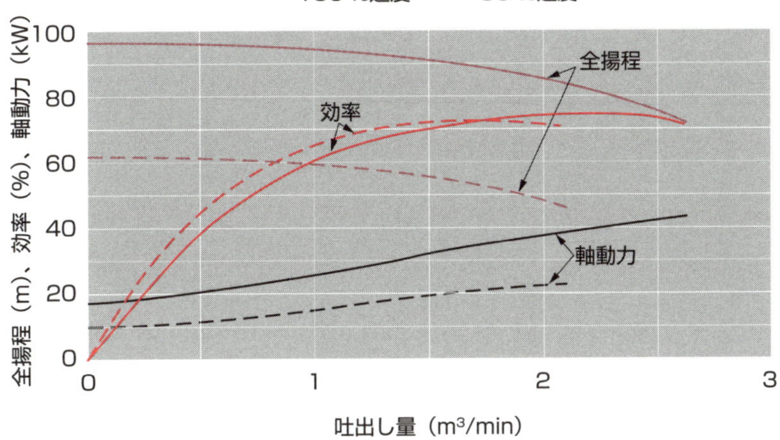

②フラッシングプラン

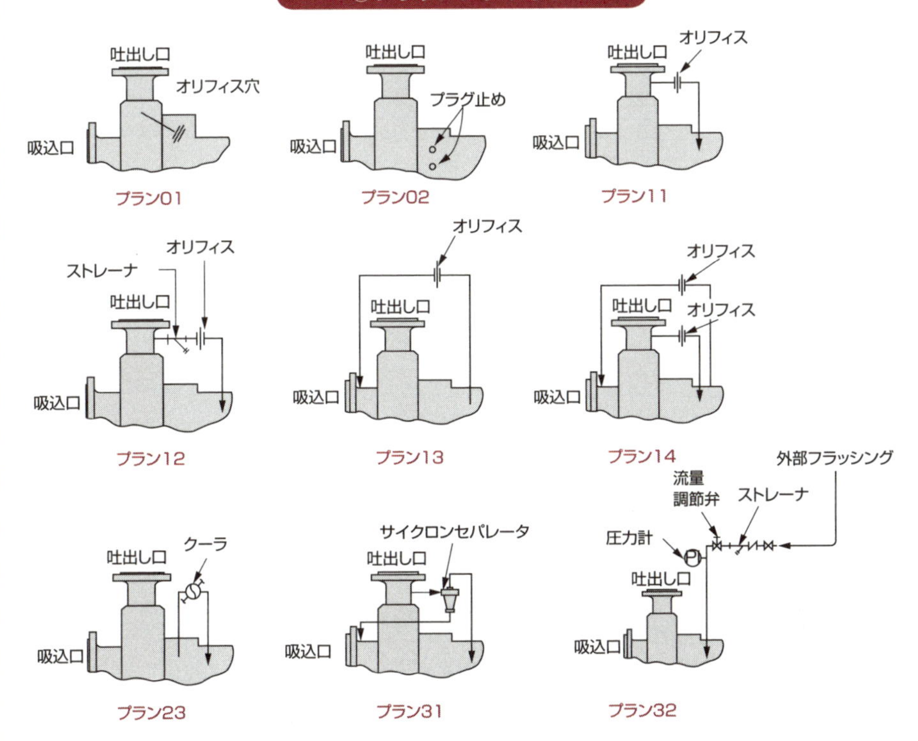

59 ポンプの増速運転

吐出し量が増え圧力も上がる

駆動機が三相交流モータの場合、モータのスリップがないときの同期速度Ncyは、電源の周波数をf、モータの極数をPとすると、

$$Ncy=120 \cdot f / P$$

で計算できます。三相交流モータの場合、ポンプの負荷がかかればスリップがあるので、ポンプの回転速度は同期速度Ncyより必ず低くなります。

しかし、駆動機が直流モータ、エンジン、タービンなどでは可変速が可能で、三相交流モータの回転速度を超えてポンプが運転されることがあります。このような場合、ポンプはどのようなことに注意する必要があるのでしょうか。

ポンプは回転速度が上がると、吐出し量が増え、全揚程およびＮＰＳＨ３は高くなるので、表①に示す項目を事前に検討する必要があります。いずれの項目もポンプメーカでないと検討できないので、増速運転があり得るのであれば、購入者は見積り時点で事前にその仕様をポンプメーカへ連絡する必要があります。

減速運転の場合とくらべ、ＮＰＳＨ３や耐圧などかなり制約が多くなります。しかし、購入者はポンプを購入後、ポンプをどう使おうと自己責任なのだからよいのだというかもしれません。それには一理あるのですが、少なくとも「耐圧」だけは守ってほしいと筆者は考えています。理由は次によります。

ポンプの吸込ノズルおよび吐出しノズルは、ある規格にしたがったフランジになっています。この規格には、使用温度における最高使用圧力が規定されています。

この規格には、少なくとも準拠する必要があります。参考として、図②に回転速度２９６０min^{-1}で運転されていたポンプを、10％増速して３２５６min^{-1}で運転したときのポンプの性能を示します。図③では、具体的な数値を使い、耐圧の確認方法を説明します。

要点BOX

- ●吐出し量が増え、NPSH3も高くなる
- ●増速運転があれば事前に対策する
- ●最高使用圧力は超えないようにする

①検討する項目

①NPSH3 と NPSHA の関係
②軸受の潤滑方式および温度上昇
③耐圧
④危険速度
⑤羽根車の強度
⑥主軸の強度
⑦カップリングの強度

②増速運転運転の性能

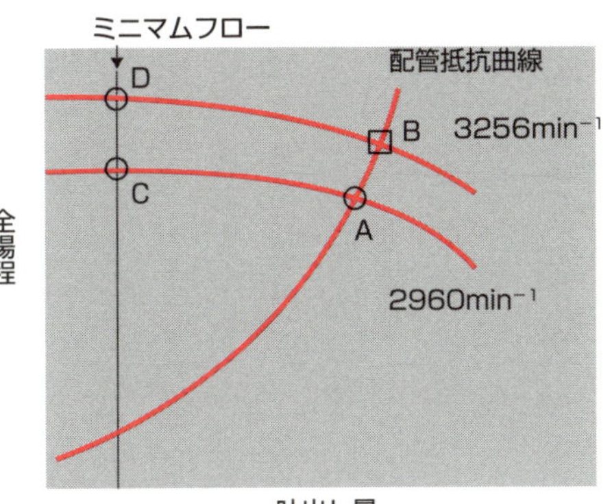

③増速運転の確認

吸込圧力 1 kg/cm²、常温の清水で回転速度 2960 min⁻¹ で運転されているとする。

定格の全揚程は点Aになり、ポンプの最高全揚程はミニマフフローの点Cになる。点Cの全揚程を 120 m とすると、最高使用圧力 P_r は

P_r =1x120/10+1=13 kg/cm²

このポンプを 10 % 増速して 3256 min⁻¹ で運転した場合、運転点の全揚程は点Bに移り、最高全揚程はミニマフフローの点Dになり、約 145 m になる。そして、最高使用圧力 Pr'、

P_r' =1x145/10+1=15.5 kg/cm²

JIS 10K のフランジは、使用温度 120℃以下で 1.4 MPa=14.3 kg/cm² まで使用できるので、このポンプは JIS 10K のフランジにしていたとすれば、フランジ規格の最高使用圧力を超えてしまう。

配管なども JIS 10K のレーティングにしている。

このような規格を超える使い方は避ける必要がある。

60 ポンプの締切運転

液の流れは外からは見えない

　ポンプの材料は、多くの場合、ケーシングは鋳鉄や鋳鋼、吸込配管や吐出し配管は鋼管を使用しているので、液が流れているかどうか外からは見えません。たとえば、吸込配管の途中に弁があって、締め切った状態でポンプを運転していると、致命的な事故につながります。また、吐出し側も同様で、吐出し弁がポンプの近くにあれば開けていることは確認できますが、吐出し管の途中や送液末端で閉塞部があれば、吐出し弁が開いていてもポンプは締切状態になります。
　ポンプの締切運転のときでも、ポンプには駆動機からトルクが与えられ続けます。しかし、吐出し側から液はまったく出ていかないので、ポンプは有効な仕事はしていません。つまり、ポンプは有効な仕事をしていないにもかかわらず、駆動機からは一定のトルクがポンプに入力され続けているのです。
　締切運転のときの軸動力が、何に消費されているかについて示したのが図①です。また、ポンプ内の液の温度上昇値の計算式も図②に示します。計算式からわかるように、ポンプ内の液の温度上昇値について、次のようにいうことができます。
①締切運転時間および締切の軸動力に比例します。
②液の比熱に反比例します。
　ポンプメーカでは出荷前の性能試験のとき、締切全揚程および締切軸動力の計測のために、高圧ポンプのように軸動力の大きいポンプを除き、数秒から十数秒間ポンプの締切運転を行います。しかし、現地で実際にポンプを運転するときは、締切運転は避ける必要があります。特に軸動力の大きいポンプは液温が短時間のうちに急上昇するし、液化ガスを扱うポンプなどは、飽和蒸気圧力が短時間のうちに急上昇し液の一部が気化します。そうなれば、ポンプ内部の狭いすき間部に「かじり」を起こしたり、ポンプケーシングなどが割れて取扱液が大気に漏れ出たりという重大な事故につながります。

要点BOX
- ●液が流れているかどうか外からは見えない
- ●ポンプの締切運転のときでも、ポンプには駆動機からトルクが与えられ続ける

①軸動力の消費

①ポンプ内や吸込および吐出し配管内にある液の温度上昇	②ポンプの振動、騒音	③ポンプのケーシングなど構成部品の温度上昇
④ポンプ外表面からの熱放射	⑤軸封へのフラッシング	⑥ウェアリング部などの内部環流

②液の温度上昇値の計算式

熱のつり合い式　　1 kW=0.2389 kcal/s
なので、

$$0.2389 \times S_0 \times T = C_w \times W_w \times \Delta t$$

よって　、ポンプ内の液の温度上昇値 Δt は、

$$\Delta t = (0.2389 \times S_0 \times T) / (C_w \times W_w)$$

S_0：締切の軸動力（kW）
C_w：液の比熱（kcal/(kg・℃)）
W_w：ポンプ内の液の質量（kg）
Δt：ポンプ内の液の温度上昇値（K(℃)）
T：締切運転時間（s）

この計算式は、いろいろな専門書に載っているが、締切運転のときは液温の上昇がケーシングの温度上昇よりはるかに早いので、軸動力がポンプ内の液の温度上昇だけに消費されるとしている点が重要である。

単位は「SI系」でなく、「CGS系」になっているので、「SI系」の単位のときは、

$$1\ \mathrm{J} = 2.389 \times 10^{-4}\ \mathrm{kcal}$$

を使って換算していただきたい。

61 密閉管路内のポンプ運転

ポンプを使った装置の温度管理

ポンプが締切運転でない場合、ポンプを使った装置の温度上昇はどうなるのでしょうか。図①に示すような密閉管路内にポンプを設置した場合、ポンプの運転中に装置全体の液温がどれだけ上昇するのか、ポンプの性能は図②に示すものとして、運転点の吐出し量Q_mについて考えてみたいと思います。

駆動機から与えられる軸動力S_mは、次のことに消費されます。

①吐出し量Q_mを流すための有効な仕事
②ポンプ、配管およびタンク内にある液の温度上昇
③ポンプの振動、騒音
④ポンプの構成部品、配管およびタンクの材料そのものの温度上昇
⑤ポンプ、配管およびタンク外表面からの熱放射
⑥軸封へのフラッシング
⑦ウェアリング部などの内部環流

次に、液温の上昇値の計算を図③に示します。

同図で「ポンプの振動、騒音」などの熱量の総和E_3は、ここでは軸動力S_mの20%と仮定しています。これらの消費動力がいくらか、筆者は断定できません。実験によって求めることが可能かもしれません。

しかし、これらのうち「ポンプの構成部品、配管およびタンクの材料そのものの温度上昇」および「ポンプ、配管およびタンク外表面からの熱放射」は装置の計画が終われば、周囲の条件などを仮定すれば計算で推測が可能になります。

たとえば、装置内の液温を一定にして試験する場合、タンク内にヒータと冷却水配管を設けて、加熱および冷却によって熱バランスを取りながら実施します。ヒータを入れた場合は、図③にある「熱つり合い」式の右辺にヒータの定格出力を加算して計算します。

そして、どの程度の時間加熱を続ければ目的とする温度に達するかを知ることができます。

要点BOX
●ポンプを使った装置の温度上昇
●装置全体の液温がどれだけ上昇するか
●加熱および冷却によって熱バランスを取る

①ポンプを使った装置

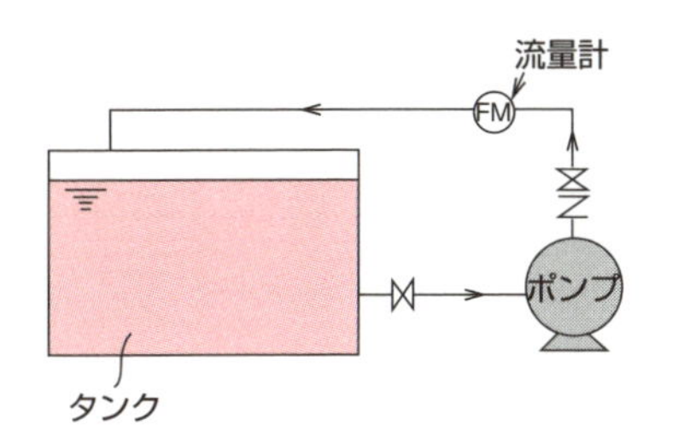

②ポンプの性能

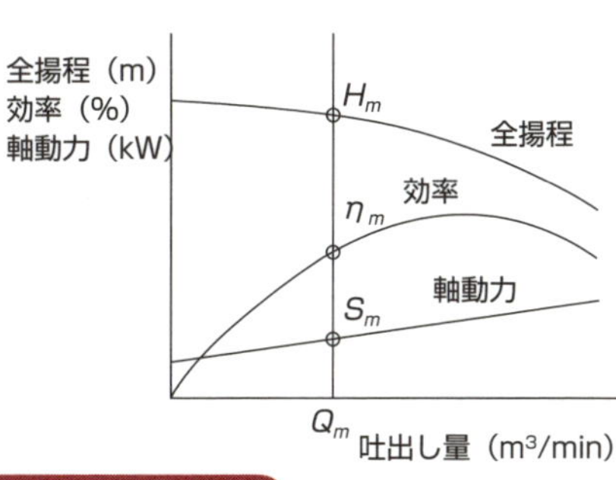

③温度上昇値の計算

(1)液が得る熱量：E_1

E_1 =(比熱) × (質量) × (液の温度上昇値)

$= C_w \times (\rho \cdot V_p)/1000 \times \Delta t$ (kcal)

C_w：液の比熱（kcal/(kg・℃)）

ρ：液の密度（kg/m³）

V_p：ポンプ、配管およびタンク内にある液の全容量（ℓ）

Δt：液の温度上昇値（K(℃)）

(2)吐出し量Q_mを流すために必要な有効な仕事：E_2

E_2 =（密度）×（吐出し量）×（全揚程）

$= \rho \times Q_m/60 \times H_m$ (kg・m/s)

H_m：吐出し量Q_mにおける全揚程（m）

1 kW=101.97 kg・m/sなので、

$E_2 = \rho \times Q_m \times H_m/(60 \times 101.97)$ (kW)

(3)「ポンプの振動、騒音」、「ポンプの構成部品、配管およびタンク材料の温度上昇」、「ポンプ、配管およびタンク外表面からの熱放射」、「軸封へのフラッシング」および「ウェアリング部などの内部環流」の熱量の総和:E_3

E_3はここでは軸動力S_mの20%と仮定し、

$E_3 = 0.2 \times S_m$ (kW)

(4)軸動力：S_m

$S_m = \rho \times Q_m \times H_m/(60 \times \eta_m)$ (kg・m/s)

$= \rho \times Q_m \times H_m/(60 \times 101.97 \times \eta_m)$ (kW)

η_m：効率（%/100）

(5)熱つり合い

E_1(kcal) $= S_m$(kW)$- E_2$(kW)$- E_3$(kW)

単位を(kW)に合わせるために、ポンプ運転経過時間をT (S)とすれば、

1 kW=0.2389 kcal/s なので、

$E_1/(0.2389 \times T)$ (kW) $= S_m$(kW)$- E_2$(kW)$- E_3$(kW)

このつり合い式をΔtについて解くと、次のようになる。

$$\Delta t = 0.039 \times \frac{Q_m \times H_m}{C_w \times V_p} \left(\frac{0.8}{\eta_m} - 1 \right) \times T$$

62 ポンプへの空気の侵入防止

圧力が低いと空気が侵入する

ポンプの吸込部や吸込配管の圧力が大気圧力より低い場合、ポンプや配管内に空気が外部から侵入することがあります。

ポンプの吐出し側は、一部の軸流ポンプを除き、このような負圧になることはありません。しかし、吸込側は負圧になることがよくあります。吸込側から空気を吸い込むと、その空気が羽根車の入口を塞いでエアーロックという現象を起こしたり、ポンプの吐出し量や全揚程が不足したり、振動や騒音が大きくなったりという問題が発生します。このような問題が起こった場合、空気を吸い込んでいるのが原因なのか他に原因があるのか、原因を特定することは容易ではありません。少なくとも、原因になり得る要素はできるだけ少ない方がよいのです。

例として図①に示す「吸上げ」の吸込配管で、最下端にフート弁が付いた場合を考えてみます。鋼管と継手の締結部は「ねじ込み」、「ねじ込み＋シール溶接」、「ソケット溶接」などがあります。フート弁は液中にあるので、ねじ部が緩んでも脱落しないかぎりは問題ありません。

まず、「ねじ込み」の場合を図②に示します。ポンプの運転中に、仮にねじ込み部から空気を吸い込んでいるとすれば、ねじ込み箇所をさらにきつく締め込むために、増締めします。そうすると、図③のように、立配管が垂直にならないことに加え、ポンプの吸込ノズルに接続するフランジも穴が合わなくなって、再取付けが困難になります。

ねじを使わないで溶接する方法が、図④に示す「ソケット溶接」です。この方法はねじ部がなく、鋼管の外周とエルボなどの端面を完全に密封できるので信頼性が高くなります。また、増締めは必要ありません。吸込圧力が5torrのような高真空になる場合、ねじ込みでは問題を起こします。図⑤に示すように、Oリングでシールする方法が適しています。

要点BOX
- ●吸込部や吸込配管の圧力が大気圧力より低いと、空気が外部から侵入する
- ●振動や騒音の原因になる

①吸上げの吸込配管

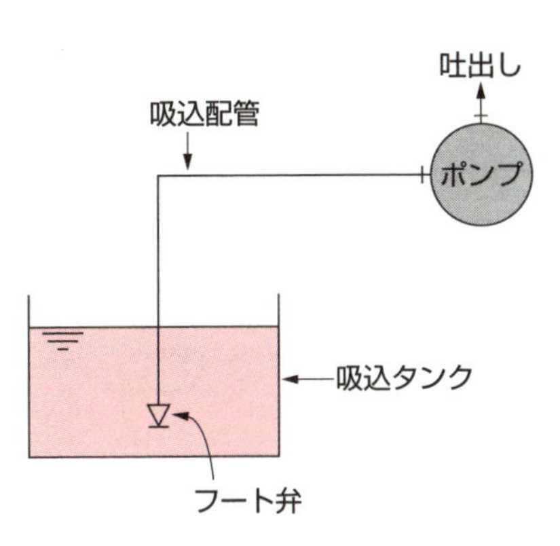

②ねじ込み配管

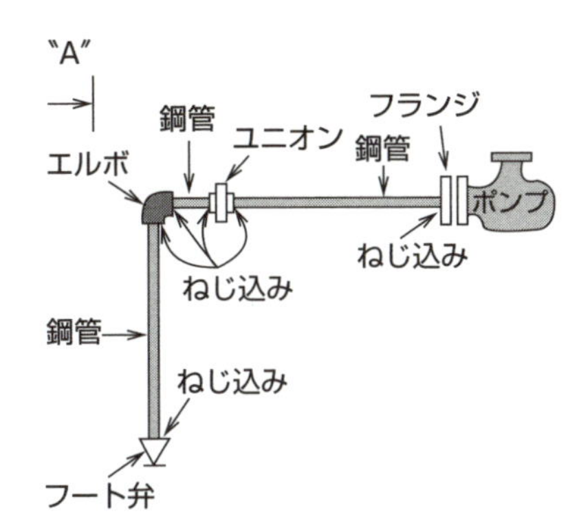

③増締め後の配管

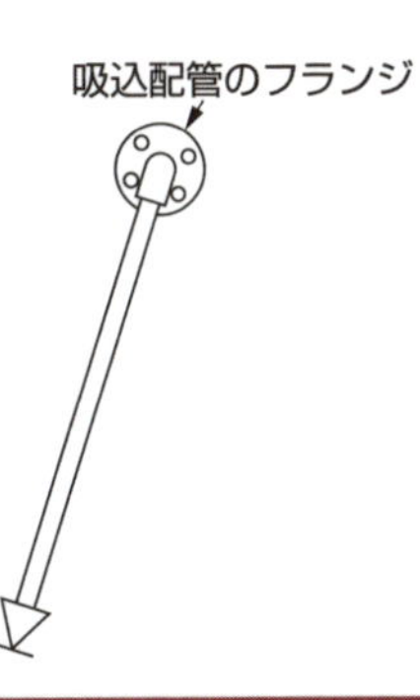

④ソケット溶接

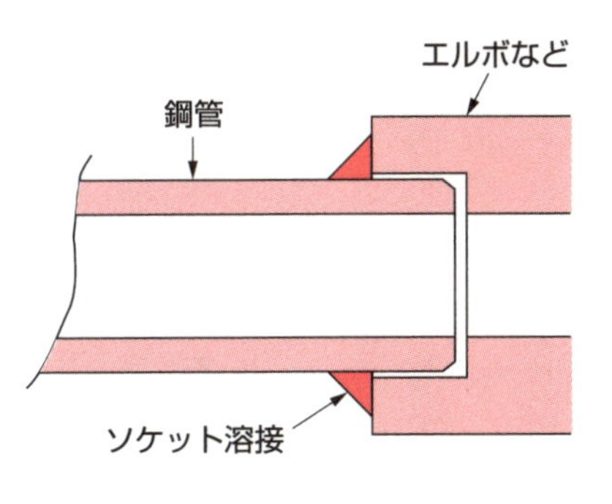

⑤Oリングによるシール

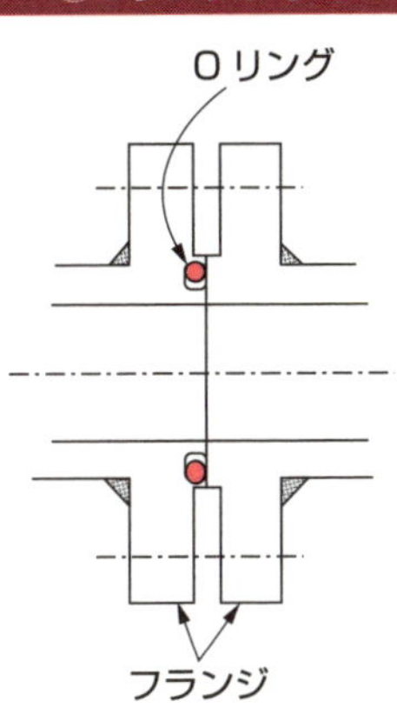

63 空気を含んだポンプの運転

液に空気が混入しているときもある

　ポンプや吸込配管内から空気が侵入しないとしても、パルプ液や復水などのように、液そのものに空気が混入している場合はどうしたらいいでしょうか。

　液には、一定の量の空気が溶け込むことが可能です。「理科年表」からその空気量、つまり空気の溶解度を知ることができ、これらから次のことがわかります。

①液温が高いほど、空気の溶解度が低下する。
②圧力が低いほど、空気の溶解度が低下する。

　この2つのことから、液温を上げて圧力を低くすることが、液中にある空気を取り除くために有効であることがわかります。

　さて、ポンプの性能試験装置では、図①に示すように、NPSH3の試験のときポンプの吸込側に脱気器を置くことがあります。脱気器内にヒータを入れて加温し、タンクは密閉のものにして真空ポンプでタンク内および脱気器内の真空度を高めます。この方法は液温を上げて圧力を低くすることによって、空気による悪影響を避けることができます。

　しかし、場合によってはこの方法が面倒で実用的でないかもしれません。その場合には、ポンプの吸込配管の口径をできるだけ大きくすることによって、吸込流速を低くして空気を配管内で上昇させ、ポンプに入り込む前に吸込タンクへ戻す方法があります。具体的には、図②に示すように、吸込タンクから取り出す配管はできるだけサイズを大きくします。そして、同じ配管サイズの空気抜き短管、レジューサおよびポンプと同じ配管サイズの整流短管を取り付けます。

　空気抜き短管の断面を図③に示し、同図における断面〝A〟を図④に示します。空気が混入している液を低速にして、空気を上方に浮かせます。そして、その空気を図④に示す止め板で止めて、空気溜り槽へ滞留させて、図②に示す上り勾配になった空気抜き配管で吸込タンクの気相へ戻します。

要点BOX
- ●液温が高いほど空気の溶解度が低下する
- ●圧力が低いほど、空気の溶解度が低下する
- ●ポンプの吸込配管の口径を大きくする方法

①脱気器を付けたポンプの性能試験装置

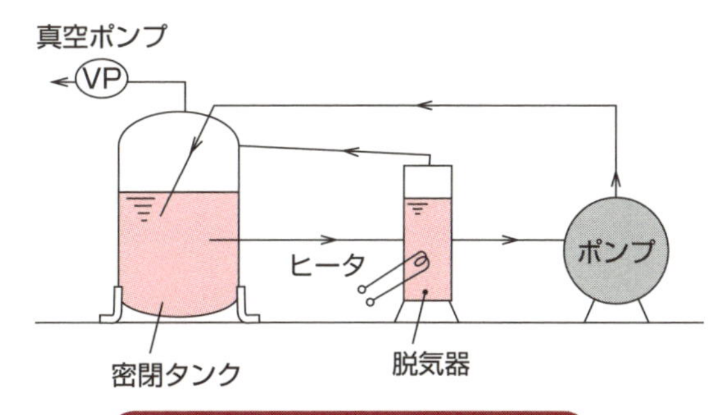

②空気抜き装置

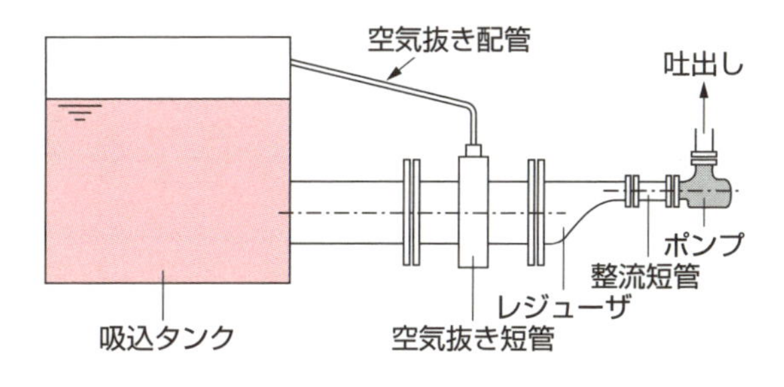

③空気抜き短管の断面

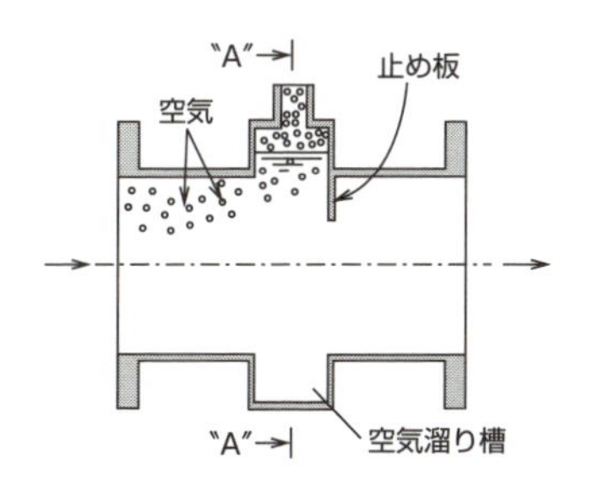

④空気抜き短管の止め板

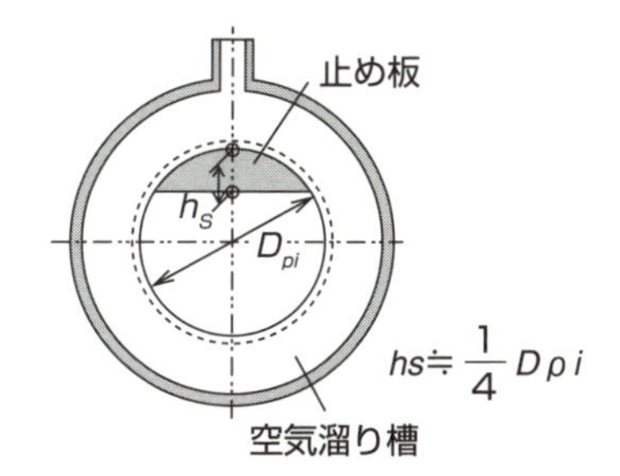

⑤整流短管の断面

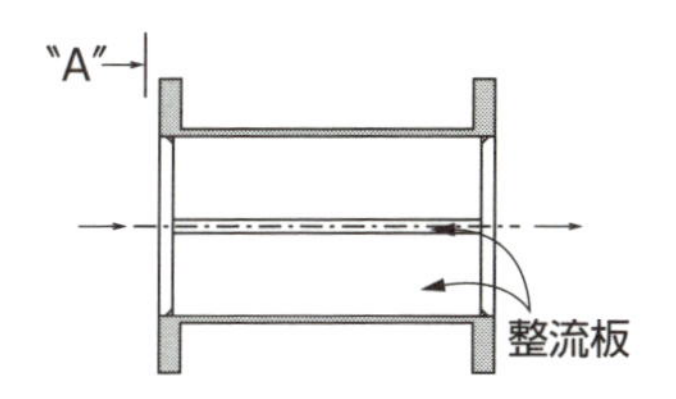

⑥整流短管の整流板

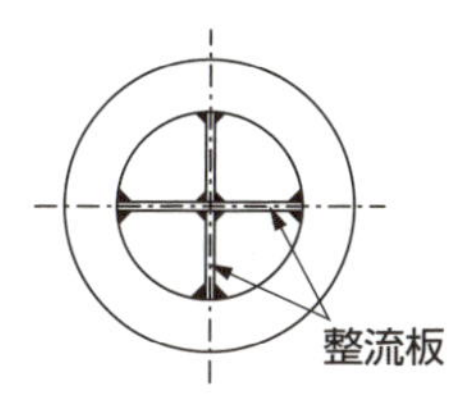

この方法は設備費が少しかさむが、効果がある

64 ポンプ吸込側のレジューサ

空気が溜まらないように付設する

ポンプや配管内に空気が外部から侵入しない対策、および液そのものに空気が混入している場合の対策は必要なのですが、これらに加え、吸込配管内の上部に空気が溜まらない対策をすれば、ポンプの空気対策は完璧になります。

ポンプの吸込側の液面が、ポンプの軸中心より低い「吸上げ」で、吸込配管がポンプの吸込口と同じサイズの鋼管のときは、図①に示すように、ポンプの吸込口に向かって上り勾配にして、液に空気が混入していたとしても、瞬時のうちにポンプへ入って吐き出されるようにします。この上り勾配は図②に示すように、一般にはフランジ内径と鋼管外径の隙間を利用し、傾けて溶接することにより形成されます。

ところが、できるだけ圧力損失を小さくしてNPSHAを大きくしたいなどの理由によって、ポンプの吸込口の手前にレジューサを入れることがあります。レジューサには、同心と偏心のものがあります。たとえば、同心のレジューサを使って、図③に示すように配管したとすると、空気は液体より軽いので、配管の上部に空気溜りができる恐れがあります。レジューサを入れる場合には偏心のものを使い、図④に示すように、レジューサの上部は真直ぐになるように取付けます。また、配管はポンプの吸込口に向かって上り勾配にします。

それでは、ポンプの吸込側の液面がポンプの軸中心より高い「押込み」の場合はどうでしょうか。「吸上げ」のときのようなことは不要ですが、配管途中で図⑤に示すような盛り上がりがあると、空気溜りができる恐れがあります。そのため、このような配管は避ける必要があります。また、ポンプの吸込側に、振動低減のためにフレキシブルチューブを入れる場合、高温液などを扱うときの熱膨張を回避するためにU字管を入れる場合も、同様に空気溜りができないように設置します。

要点BOX
- ●吸込配管内の上部に空気が溜まらない対策
- ●レジューサには同心と偏心のものがある
- ●レジューサの上部は真直ぐになるように

①吸上げのときの吸込配管

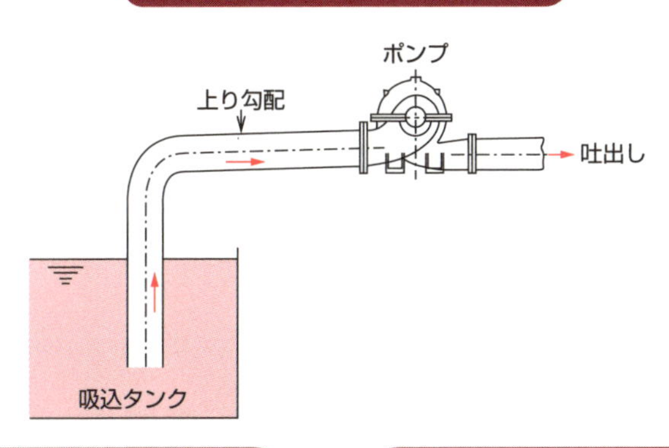

②鋼管の溶接

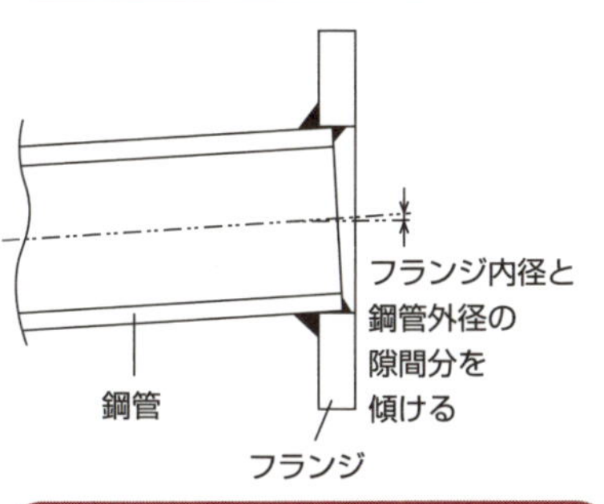

③同心のレジューサ

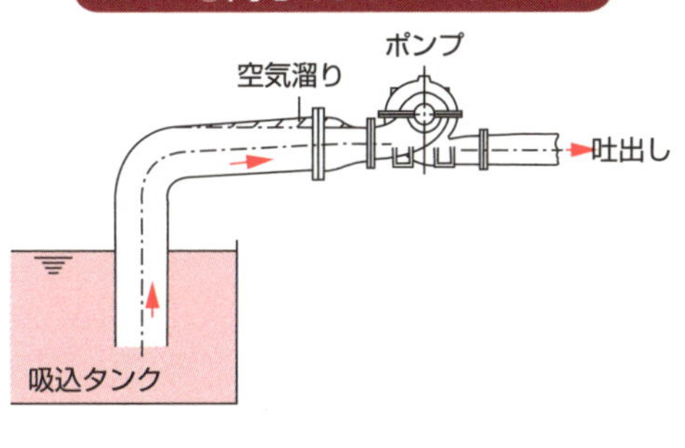

④偏心のレジューサ

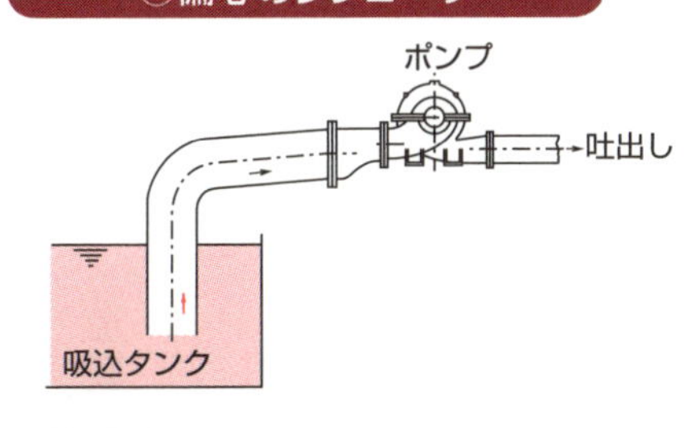

⑤押込みのときの吸込配管

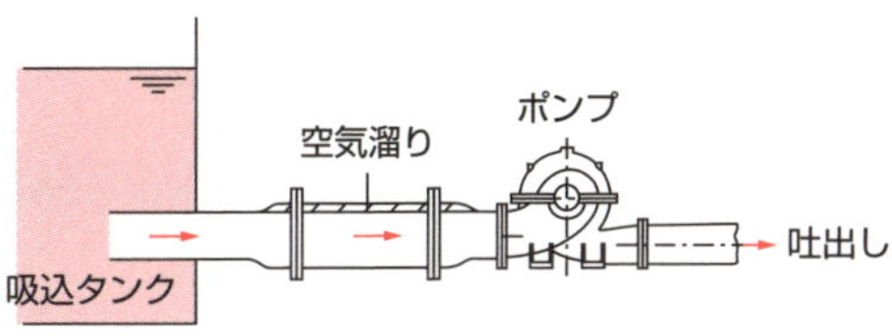

65 ポンプ吸込渦と初生キャビテーション

キャビテーションではない振動と騒音

ポンプと配管の設置スペースの関係で、ポンプの吸込口の直前に曲管が付いていることがあります。このような場合、図①に示すように、曲がった直後に渦が生成されます。そして、その渦がポンプに入り込むと、異常な振動を起こすことがあります。経験的には、モータ定格出力が15kWまでの小さいポンプでは、曲管をポンプの吸込ノズルに直接付けても、このような問題は起こりません。

しかしながら、このような渦は発生させない方がよいので、図②に示すように、通常は吸込配管の直管部長さは、吸込口径の4倍以上にします。吸込配管の直管部が確保できないときは、曲管内に整流格子を入れ、ポンプ吸込部で渦ができないようにします。

次に、初生キャビテーションです。NPSH3の試験の様子を図③に示します。吐出し量を一定に保ちながら、NPSHAを徐々に小さくしていくと、全揚程はある点からかなり急に低下し始めます。この低下し始める点が「初生キャビテーション点」になります。

NPSHAをさらに小さくしていくと、全揚程もさらに低下します。NPSHAが十分にある状態のときの全揚程を100%とし、低下したヘッド分が3%になったときのNPSHAをNPSH3と定義しています。ポンプがキャビテーションを起こさないで安全に運転されるためには、NPSHA>NPSH3という関係になることが必要です。ところが、比速度が大きいポンプでは、低下するヘッド分が3%にならなくても、初生キャビテーション点より小さいNPSHAのときに、振動や騒音が大きくなることがあります。

NPSH3を100%にしたときのNPSH3および初生キャビテーションの曲線を示したのが図④です。同図で立方向にハッチングしている範囲で、実は振動や騒音が大きくなることがあるのです。

要点BOX
- 渦は発生させない方がよい
- 直管部長さは吸込口径の4倍以上に
- 初生キャビテーション以下で振動や騒音

①曲管後流の渦

②渦発生の抑止法

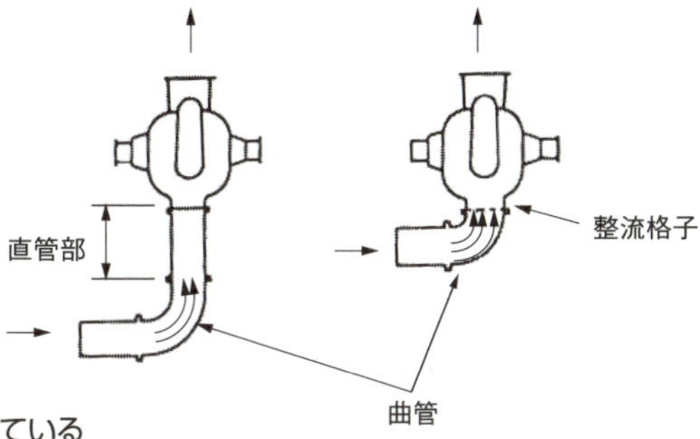

③NPSH3の試験

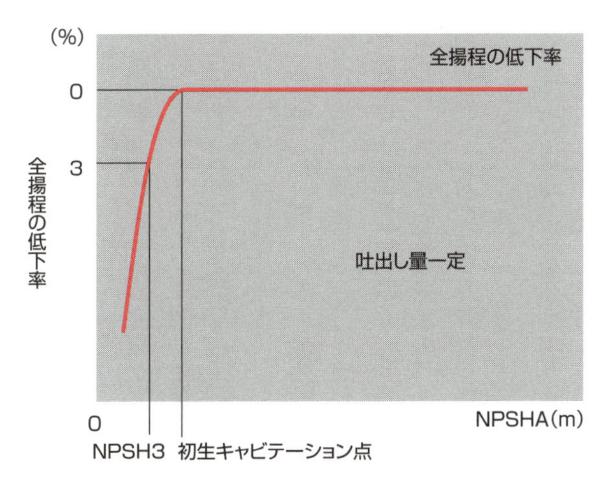

④初生キャビテーション

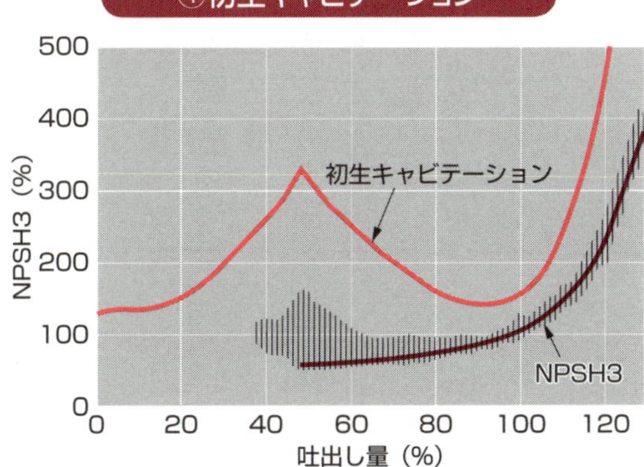

66 ポンプの並列運転

吐出し量を増やすための運転

ポンプを2台以上使って、並列に設置して同時に運転する場合を「並列運転」と呼びます。並列運転は吐出し量をポンプ1台のときより多くしたい場合に利用されます。ここでは、同じ性能のポンプを2台使った並列運転について説明します。

図①に示すようにポンプを2台並列に設置し、吸込配管は一般にはポンプそれぞれに設け、吐出し側は合流して1本の配管にします。ポンプの運転点について図②に示します。同図で、横軸に吐出し量、立軸に全揚程を示します。1台単独運転の全揚程は、ポンプ1台の全揚程をそのまま描きます。

並列運転の合計の吐出し量は、締切点では1台の全揚程の点D、その他の吐出し量では横方向に吐出し量を加算して描きます。具体的には、点Bの吐出し量Q_2を横方向に加算して2・Q_2の点Aを求めます。他の吐出し量も同様で、1台の全揚程の吐出し量と同じ吐出し量だけ加算して求めます。

点DBCを通る曲線がポンプ1台の全揚程、点DAを通る曲線がポンプ2台の全揚程、点ECAを通る2次曲線は配管抵抗曲線です。どちらかのポンプ1台の単独運転のとき、両者の交点Cが運転点になります。

ポンプを1台運転していて、もう1台のポンプを運転すると、吐出し量が増加するので配管抵抗も増加し、点Cから点Aに運転点が移動します。2台の並列運転のときは配管抵抗が増加するので1台の吐出し量は減少し、それぞれのポンプの運転点は点Cから点Bへ移動します。したがって、1台の単独運転のときは、吐出し量Q_1、全揚程H_1ですが、2台の並列運転のときはそれぞれのポンプは吐出し量Q_2、全揚程H_2になります。

ここで、ポンプ1台が運転されていて、もう1台のポンプを始動して数秒間はこのポンプは締切運転になりますが、その後、運転点Aに到達します。

要点BOX

- ポンプを2台以上並列に設置し、同時に運転するのが「並列運転」
- 吐出し量を多くしたい場合に利用

①並列運転の配置

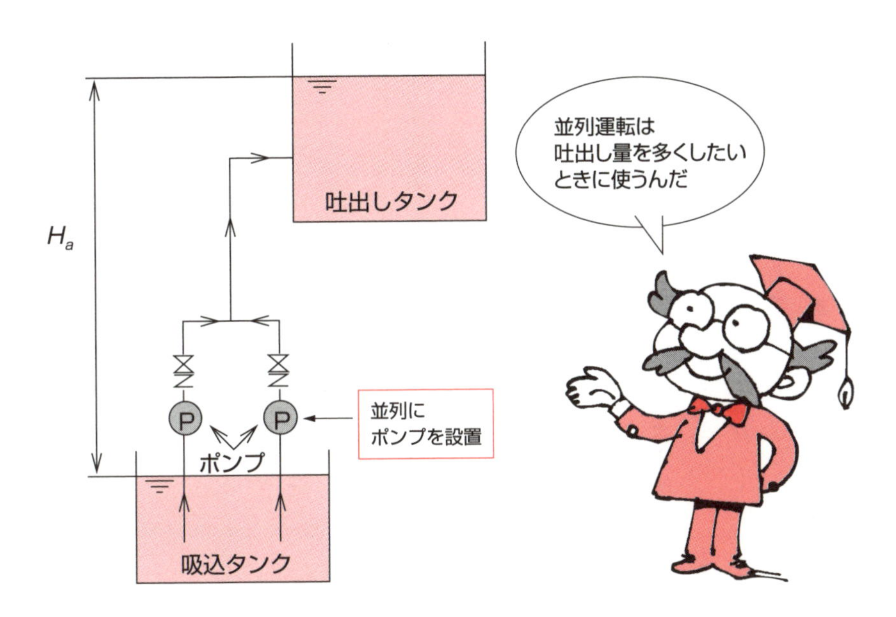

②並列運転の性能

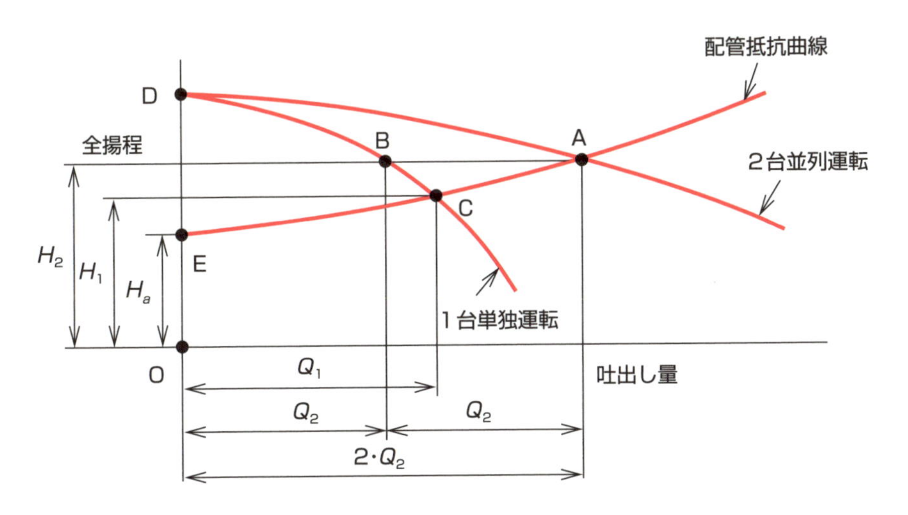

67 ポンプの直列運転

吐出し圧力を高くするための運転

ポンプを2台以上使って、直列に接続して同時に運転する場合を「直列運転」と呼びます。ここでは、同じ性能のポンプを2台使った直列運転について説明します。

直列運転は全揚程をポンプ1台のときより高くしたい場合に利用されます。図①に示すように、ポンプを2台直列に設置し、吸込配管も吐出し配管も1本にします。

ポンプの運転点について、横軸に吐出し量、立軸に全揚程をとって図②に示します。1台単独運転の全揚程は、ポンプ1台の全揚程をそのまま描きます。直列運転の合計の全揚程は、締切点では1台の全揚程の点Dに同じ全揚程を加算した点Fを求め、その他の吐出し量では立方向に全揚程を加算して描きます。具体的には、点Bの全揚程H_2を立方向に加算して$2\cdot H_2$の点Aを求めます。他の吐出し量も同様で、1台のときの吐出し量における全揚程と同じ全揚程だけ加算して求めます。

点DCBを通る曲線がポンプ1台の全揚程、点FAを通る曲線がポンプ2台の全揚程、点ECAを通る2次曲線は配管抵抗曲線です。どちらかのポンプ1台の単独運転のとき、両者の交点Cが運転点になります。

ポンプ1台を運転していて、もう1台のポンプを運転すると、吐出し量が増加するので配管抵抗も増加し、点Cから点Aに運転点が移動します。2台の直列運転のときは配管抵抗が大流量側になるので1台の吐出し量は増加し、それぞれのポンプの運転点は点Cから点Bへ移動します。したがって、1台の単独運転のときは、吐出し量Q_1、全揚程H_1ですが、2台の直列運転のときは吐出し量Q_2、全揚程$2\cdot H_2$になります。

2台のポンプのうち、最初に始動するのは吸込タンクに近いポンプにします。

要点BOX
- ●ポンプを2台以上直列に接続し、同時に運転する「直列運転」
- ●全揚程を高くしたい場合に利用

①並列運転の性能

H_a

吐出しタンク

ポンプを
直列に設置

吸込タンク

②直列運転の性能

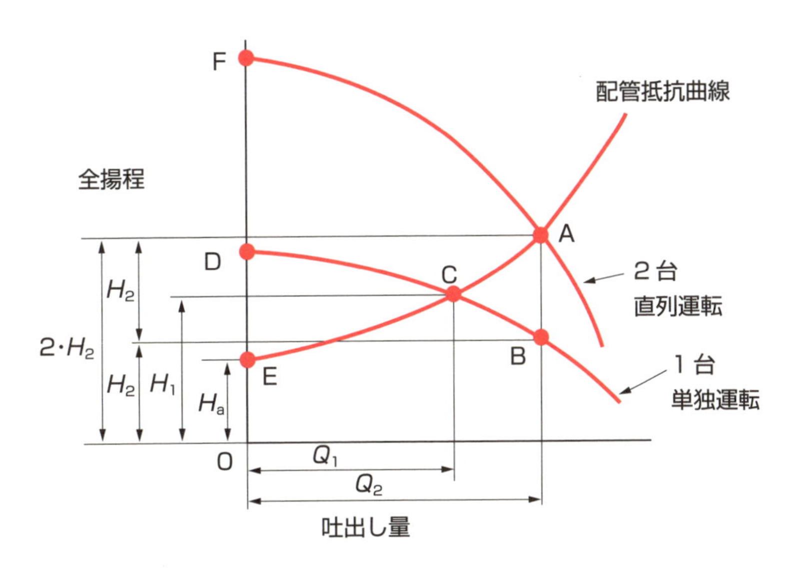

Column

ポンプ価格の低減策

現在、材料の価格が上昇しています。そのうち、また下がるかもしれませんが、相場に振り回されると不安定な経営に陥ります。材料費を縮減することを真剣に考えるときが到来したように感じます。

ポンプの材料費を下げるための1つの方法として、同じ性能を出すのであれば小型のポンプにすることです。そのためにできることは、ただ1つ、高速化です。

高速化には2つの方法があります。1つは「ギヤ増速」、もう1つは「モータの可変速」です。「ギヤ増速」は振動と騒音が課題です。「モータの可変速」はモータの価格が課題です。どちらにしても、国内だけでなく、海外のメーカ、海外のギヤまたはモータのメーカ、あるいは大学や研究所と協業して達成できる道があり得ます。

【参考文献】

①「ＩＳＯ ２８５８」International Organization for StandardizationなどのＩＳＯ規格

②「ＡＰＩ ６１０」American Petroleum Instituteなどの米国の規格

③「株式会社荏原製作所」カタログ

④「経済産業省」ホームページ

⑤「the McIlvaine Company」の統計

⑥「Energy Research & Consultants Corporation」効率

⑦「理科年表」国立天文台

⑧「JIS B 0131」ターボポンプ用語

⑨「JIS B 8265」圧力容器の構造—一般事項

⑩「JIS B 8301」遠心ポンプ、斜流ポンプ及び軸流ポンプ—試験方法

⑪「JIS B 8313」小形渦巻ポンプ（2013.9.20）などのＪＩＳ規格

⑫「JIS B 8319」小形多段遠心ポンプ

⑬「JIS B 8322」両吸込渦巻ポンプ

⑭「ポンプの選定とトラブル対策」外山幸雄著、日刊工業新聞社

⑮「絵とき『ポンプ』基礎のきそ」外山幸雄著、日刊工業新聞社

た

な

は

ま

や

ら

索引

英・数

あ

か

さ

今日からモノ知りシリーズ
トコトンやさしい
ポンプの本

NDC 534

2016年 9月30日 初版1刷発行
2025年 6月13日 初版10刷発行

ⓒ著者 外山幸雄
発行者 井水 治博
発行所 日刊工業新聞社
東京都中央区日本橋小網町14-1
(郵便番号103-8548)
電話 書籍編集部 03(5644)7490
販売・管理部 03(5644)7403
FAX 03(5644)7400
振替口座 00190-2-186076
URL https://pub.nikkan.co.jp/
e-mail info_shuppan@nikkan.tech
企画・編集 エム編集事務所
印刷・製本 新日本印刷(株)

●DESIGN STAFF
AD——————志岐滋行
表紙イラスト————黒崎 玄
本文イラスト————小島サエキチ
ブック・デザイン ——大山陽子
(志岐デザイン事務所)

●
落丁・乱丁本はお取り替えいたします。
2016 Printed in Japan
ISBN 978-4-526-07603-9 C3034

●編著者紹介

外山幸雄(そとやま ゆきお)

1954年12月 北海道上磯郡上磯町（現在は北斗市）生まれ
1975年3月 函館工業高等専門学校機械工学科卒業
1975年4月 ㈱荏原製作所入社
ポンプ関係の設計、開発、研究、トラブル対策、標準化、見積業務などに従事。JIS規格改正委員およびISO国際規格審議会委員を経験。
2007年3月 技術士事務所開設のために退社
2007年4月 外山技術士事務所開設
ポンプ関係のコンサルティング、海外製造メーカの日本代理人、製品開発支援、トラブル対策支援、輸出用回転機械の立会検査員、技術者教育、API 610改正委員。技術士事務所開設と同時にホームページを立ち上げポンプの技術相談に応対。

現在、外山技術士事務所所長、技術士（機械部門、総合技術監理部門、第56804号）、エネルギー管理士（第3346号）

●主な著書

「絵とき『ポンプ』基礎のきそ」日刊工業新聞社
「ポンプの選定とトラブル対策」日刊工業新聞社
「ものづくり高品位化のための微粒子技術」（共著）大河出版
「技術コンサルティングハンドブック」（共著）オーム社
「ものづくり現場の微粒子ゴミ対策」（共著）日刊工業新聞社